그림으로 읽는
# 친절한
# 우주과학
# 이야기

**일러두기**

※ 이 책에 실린 도판 가운데 따로 출처가 기재되어 있지 않은 것은 공개 자료를 토대로 편집부에서 작성한 것이다.

※ 이 책에 실린 우주개발계획 등의 정보는 2021년 9월을 기점으로 한 것이며, 여러 가지 사정에 따라 변경될 가능성이 있다(감수 과정에서 2021년 9월 이후의 최신 동향을 바탕으로 내용을 일부 수정하였다. – 감수자).

**ZUKAI DE WAKARU 14SAI KARA NO UCHU KATSUDO KEIKAKU**
**by Inforvisual laboratory**

Copyright ⓒ 2021 by Inforvisual laboratory
All rights reserved.
Original Japanese edition published by OHTA PUBLISHING COMPANY

Korean translation rights ⓒ 2022 by Bookpium
Korean translation rights arranged with OHTA PUBLISHING COMPANY, Tokyo
through EntersKorea Co., Ltd. Seoul, Korea

그림으로 읽는

# 친절한 우주과학 이야기

인포비주얼 연구소 지음
임명신(서울대 물리천문학부 교수) 감수
위정훈 옮김

달과 화성에 가기 전에 우리가 반드시 알아야 할 우주의 '카오스'와 '코스모스'

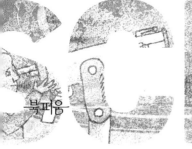

북퍼움

# 우주와 인류의 미래에 대한
# 설렘을 선사하는 책

우리나라가 독자적으로 개발한 누리호 로켓이 인공위성 발사에 성공하면서 우리도 이제 본격적인 우주시대를 맞이하게 되었다. 어린 시절, 외국의 흥미진진한 우주개발의 역사와 태양계 탐사에 관한 책들을 읽으며 우리나라는 언제 우주개발 경쟁에 뛰어들게 될까 궁금했는데, 드디어 우리나라도 우주개발의 꽃이라 할 수 있는 우주로켓을 발사할 수 있게 되었다니 감개무량하다. 반면에 제임스 웹 우주망원경이 보내온 멋진 심우주의 모습을 보며 다른 나라들이 우주개발 및 탐사에 성큼 앞서 있는 모습에 여전히 부러움을 느낀다. 그러나 시작이 반이라고 하지 않았는가? 우리나라도 우주개발을 선두에서 이끄는 날이 머지않아 오리라 믿어 의심치 않는다.

이 책은 현재 세계적으로 우주개발과 탐사·연구에서 어떤 일이 일어나고 있는지에 대한 최신 지식을 한눈에 접할 수 있게 도감 형식으로 펴낸 것이다. 시각적인 자료를 풍부하게 넣어 독자들이 우주개발의 현주소를 쉽게 파악할 수 있게 한 점이 매우 좋다. 태양계로부터 빅뱅까지 최신 우주연구 성과도 소개하고 있어서 독자들이 우주의 신비도 접할 수 있다.

감수 내용 중 특기사항을 몇 가지 소개한다. 원본이 일본 서적이라, 일본 우주개발 소식이 심심치 않게 나오지만, 우리나라 우주개발 내용이 없다는 아쉬움이 있었다. 원저에서 다루지 않은 우리나라 우주개발 최신 소식을 감수자주에 추가하였지만 담지 못한 내용이 많음을 미리 알려드린다. 우주개발 일정이 수시로 바뀌어서, 여러 일정을 감수 작업을 마친 2022년 7월 정보로 업데이트하였다. 그러나 놓친 부분이 있거나 그사이 우주탐사 일정표가 다시 바뀌었더라도 양해를 구하고자 한다. 뒷부분 최신 천문학 연구의 결과를 설명하는 글에 과학적으로 아쉬운 부분들이 있어 일부 내용은 과감히 편집하였다. 그러지 못한 내용에 대해서는 감수자주를 달아 독자들이 참조할 만한 점을 기술하였으니 감수자주 내용도 꼼꼼하게 살펴주십사 부탁드린다.

　어린 시절 읽었던 미국-소련 로켓 경쟁과 아폴로 달 탐사, 외계 생명을 찾기 위한 과학자들의 진지한 노력 등은 필자의 가슴이 뛰도록 만들었고 결국 우주를 연구하는 천문학자의 길을 걷게 하는 원동력이 되었다. 이 책을 감수하면서 옛날에 느꼈던 우주에 대한 설렘이 다시금 떠올랐다. 독자들도 이 책을 통해 우주와 인류의 미래에 대한 설렘을 느끼길 바란다.

2022년 7월

임명신(서울대학교 물리천문학부 교수)

# 우주여행과 화성 이주, 더 이상 꿈이 아니다
## 지구가 기후위기에 처한 지금, 우주로 나가는 의미는 무엇일까

2050년대에는 인류가 화성 이주를 시작한다. 그렇게 선언한 민간 우주기업 CEO(최고경영책임자)가 있다. 그는 현재 그것을 위한 우주선 개발을 착착 진행시키고 있으며, 우리는 그의 우주선 '스타십'의 거대한 은빛 몸체가 자동조종으로 무사히 지상에 재착륙한 실험 영상을 유튜브에서 볼 수 있다.

지금까지 SF소설과 미래 예측에나 등장하던 우주탐험이나 우주여행도 더 이상 환상이나 모험의 세계가 아니라 우리 일상생활과 연결된, 대단히 리얼한 사건이 되었다.

이 책을 읽고 있는 독자 여러분이 만약 2021년에 14살이었다면 2050년에도 43살로 한창 나이며, 어쩌면 최초의 화성 이민단에 참가하고 있을지도 모른다. 민간인이 가볍게 달여행을 할 수 있을 것으로 예상되는 2040년대라면, 30대 후반의 당신은 열심히 번 돈으로 가족과 함께 달 궤도를 도는 우주호텔에 묵을지도 모른다. 아니, 그 호텔에서 당신이 일하고 있을지도 모른다.

그러나 우리에게 2050년이라는 연도는 우주사업 목표와는 별도로, 또 하나의 중요한 목표가 있는 해이다. 지구온난화에 의한 기후위기의 악영향을 최소한으로 억제하기 위해 $CO_2$ 배출을 0으로 하자는 국제적인 노력 목표를 달성하는 해이다. 이 목표가 달성되지 않는다면 지구의 기후가 인류 생존을 위협하는 미래가 예상된다. 물론, 우주로 진출하는 것보다 인류의 생존 자체에 관련된 위기를 극복하는 데 지혜와 자본을 집중해야 한다는 의견도 나오고 있다.

그중에는 훨씬 신랄하게, 2050년 화성 이주계획은 지구의 기후위기에서 도망치려는 사람들의 도피처 아니냐고 말하는 사람도 있다. 2021년 7월에 미국의 아마존 창업자인 제프 베이조스가 자신의 회사가 만든 로켓으로 우주공간을 비행했을 때, SNS에서 많은 사람들이 이렇게 말했다.

"우주로 잘 가세요. 그리고 돌아오지 마세요."

우주 진출이 인류 공통의 순수한 꿈이었던 시대는 끝났으며, 국가나 이데올로기 싸움의 대리 전쟁이었던 시대도 지나갔다. 이제 우주사업은 현재를 사는 사람들의 삶에 어떤 의의를 갖는지 현실적으로 생각해야 하는 시대가 왔다.

발등에 떨어진 지구의 여러 문제를 해결해야 할 지금, 우주사업을 왜 추진해야 하느냐는 본질적인 의문도 제기되고 있다.


이 책은 2019년을 경계로 우주를 둘러싼 사건이 세계적으로 크게 달라진 점에 우선 주목했다. 그것은 그때까지 국가가 주도하던 우주사업에 많은 민간 기업이 진입하여 우주사업을 민간 경제활동의 하나로 만들었다는 점이다. 앞에서 쓴 2050년 화성 이주계획도 그런 흐름에서 나온 것이다. 이런 새로운 우주사업은 2100년대까지 계획되어 있다.

앞으로 약 80년 동안 사람들이 우주에서 무엇을 하려고 하는지를 이 책을 통해 알아보자. 그 과정에서 사람들이 우주에 관여하는 것에 어떤 의의가 있는지 생각해보자. 독자 여러분이 우주에서 일해보고 싶은 생각이 있다면, 2100년까지의 우주사업에서 무엇을 찾아낼 것인지에 대한 시뮬레이션도 될 것이다.

자, 우주 이야기를 시작해보자.

# 차례

**감수의 말** 우주와 인류의 미래에 대한 설렘을 선사하는 책 · · · · · · · · · · · · · · · · · 4

**머리말** 우주여행과 화성 이주, 더 이상 꿈이 아니다 · · · · · · · · · · · · · · · · · · · · 6

## Part 1. 우주개발달력 – 2019년부터 가까운 미래까지

1  우주개발 2막이 올랐다, 국가간 경쟁은 더 치열해진다 · · · · · · · · · · · · · · · · 14

2  2021년 2월에 화성 탐사 미션이 유난히 많았던 이유는? · · · · · · · · · · · · · · 16

3  민간인이 우주로 날아간다! · · · · · · · · · · · · · · · · · · · · · · · · · · · · · 18

4  '아폴로 프로그램'으로부터 반세기, 다시 인류가 달로 날아간다 · · · · · · · · · 20

5  달 궤도 플랫폼을 국제적으로 협력하여 건설한다 · · · · · · · · · · · · · · · · · 22

6  인류, 마침내 화성에 서다 · · · · · · · · · · · · · · · · · · · · · · · · · · · · · · 24

7  우주여행이 현실이 되고 화성 이주도 꿈이 아닌 시대가 온다!? · · · · · · · · · 26


+  세계의 우주 관련 조직·기업 · · · · · · · · · · · · · · · · · · · · · · · · · · · · · 28

+  우주 관련 기초 용어 · · · · · · · · · · · · · · · · · · · · · · · · · · · · · · · · · 30

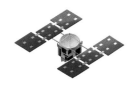

## Part 2. 지구를 날아올라 우주로 둥실!

1 대기가 거의 없어지는 상공 100km부터 우주다 · · · · · · · · · · · · · · · · · · · · 34

2 우주 체험의 첫걸음은 100km 상공까지 가는 것 · · · · · · · · · · · · · · · · · · 36

3 무거운 로켓은 어떻게 하늘을 날아서 지구 중력에서 벗어날까 · · · · · · · · · · 38

4 재사용 가능한 민간 로켓으로 우주 수송 비용을 줄인다 · · · · · · · · · · · · · · 40

5 지구를 공전하는 최대의 우주기지 ISS에 민간 우주선이 도착 · · · · · · · · · · · 42

6 노후화되어가는 ISS, 민간 정거장으로 거듭나다 · · · · · · · · · · · · · · · · · · · 44

7 미소중력은 인체에 얼마나 큰 영향을 미칠까 · · · · · · · · · · · · · · · · · · · · · 46

## Part 3. 날자, 다시 한 번 달을 향해 날아보자!

1 지금으로부터 반세기 이상 이전에 12명이 달에 내려섰다 · · · · · · · · · · · · · · 50

2 아르테미스 프로그램, 유인 달 탐사 2단계가 시작되었다 · · · · · · · · · · · · · · 52

3 JAXA와 젊은 우주벤처가 탐사선을 달에 보낸다 · · · · · · · · · · · · · · · · · · · 54

4 달과 화성으로 열린 문 '게이트웨이'를 건설 · · · · · · · · · · · · · · · · · · · · · 56

5 마침내 인류가 다시 달로 · · · · · · · · · · · · · · · · · · · · · · · · · · · · · · · · 58

6 인간이 우주에서 살아가기 위해 반드시 필요한 5가지 기술 · · · · · · · · · · · · · 60

7 팀일본은 2029년에 유인 달 탐사 로버를 발사한다 · · · · · · · · · · · · · · · · · 62

8 달 표면 기지는 2100년 무렵에는 1만 명이 일하는 도시로 발전한다 · · · · · · · 64

## Part 4. 태양계 아홉 가족을 소개합니다

**1** 붉은 행성, 화성으로! · · · · · · · · · · · · · · · · · · · · · · · · · · · · · 68

**2** 화성 유인 비행의 유력 후보, 민간 로켓 '스타십' · · · · · · · · · · · · 70

**3** 화성에 이주한 인류가 사는 곳은 돔 도시 · · · · · · · · · · · · · · · · 72

**4** 인류는 태양의 비밀을 풀기 위해 관측위성과 탐사선을 날려보냈다 · · · · · · · 74

**5** 태양은 핵융합에 의해 타고 있으며 뜨거운 태양풍을 불어낸다 · · · · · · · · · 76

**6** 태양에 가장 가까운 수성은 아직 탐사 중인 작은 행성 · · · · · · · · · · · · 78

**7** 두터운 구름에 뒤덮인 금성을 냉전 시대의 미국과 소련이 탐사했다 · · · · · · · 79

**8** 금성은 불타는 지옥처럼 뜨겁지만 구름 속이라면 사람도 살 수 있다 · · · · · · 80

**9** 태양이 되지 못한 거대 가스 행성, 목성 · · · · · · · · · · · · · · · · · · · 82

**10** 아름다운 고리를 가진 토성 · · · · · · · · · · · · · · · · · · · · · · · · · · · 84

**11** 얼음과 가스로 이루어진 푸른 행성, 천왕성 · · · · · · · · · · · · · · · · · · 86

**12** 태양에서 가장 먼 해왕성은 폭풍이 몰아치는 초저온 세계 · · · · · · · · · · · 87

**13** 명왕성과 태양계 외곽을 넘어서 · · · · · · · · · · · · · · · · · · · · · · · · · 88

**14** 지구의 메시지를 싣고 보이저는 우리은하를 날아간다 · · · · · · · · · · · · · 90

## Part 5. 보이저, 우주 너머에서 우주의 탄생을 지켜보다

1  우리은하를 떠나자 수수께끼로 가득 찬 우주가 펼쳐진다 · · · · · · · · · · · · · · · 94

2  왜 은하의 중심에 블랙홀이 있을까? · · · · · · · · · · · · · · · · · · · · · 96

3  암흑물질, 우주는 미지의 물질로 가득 차 있다 · · · · · · · · · · · · · · · · · 98

4  우주의 가속팽창과 미지의 암흑 에너지 · · · · · · · · · · · · · · · · · · · 100

5  우주마이크로파가 우주의 탄생 빅뱅을 증명했다 · · · · · · · · · · · · · · · 102

6  우주는 무의 공간에서 거품처럼 잇따라 탄생했다!? · · · · · · · · · · · · · 104


**맺음말** 인류와 지구의 미래를 위해 우리가 우주에서 배워야 할 것들 · · · · · · · · 106

**참고문헌** · · · · · · · · · · · · · · · · · · · · · · · · · · · · · · · · · · · · 108

**참조 사이트** · · · · · · · · · · · · · · · · · · · · · · · · · · · · · · · · · 109

# PART. 1

## 우주개발달력 – 2019년부터 가까운 미래까지

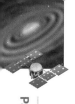

# 우주개발 2막이 올랐다, 국가간 경쟁은 더 치열해진다

우주개발, 새로운 시대가 열렸다

인류가 최초로 유인 우주비행에 성공한 것은 1961년이다. 그로부터 60년이 지난 지금, 우주개발은 새로운 시대를 맞이하고 있다. 이 장에서는 요즘 벌어지고 있는 사건들과 2100년대까지 예정되어 있는 주요 우주 프로젝트를 연대별로 따라가본다.

2019년 및 2020년에는 우주개발의 새 시대를 알리는 여러 사건이 잇따라 일어났다. 2019년 1월에 중국의 달 탐사선 '창어嫦娥 4호'가 세계 최초로 달의 뒷면에 착륙했다. 오랫동안 미국과 러시아(옛 소비에트연방)가 주도해온 우주개발 분야에서 중국이 눈에 띄게 성장하면서 커다란 존재감을 드러내기 시작했다.

## 2019

**A** 2019년 1월 3일 중국 CNSA
달 탐사선 '창어 4호' 세계 최초로 달의 뒷면에 착륙

**B** 2019년 5월 23일 미국 스페이스X 사
통신위성 60기를 한꺼번에 저궤도에 방출

**C** 2019년 5월 10일 미국 블루 오리진 사
달 착륙선 '블루문Blue Moon'에 관한 자세한 사항 발표

**D** 2019년 7월 22일 인도 ISRO
달 탐사선 '찬드라얀Chandrayaan 2호' 달 궤도 진입 성공
착륙선 '비크람Vikram' 달 착륙 실패

〈12살〉

스타링크　　　지구위성궤도

## 2019

'창어 4호'는 달의 남극 에이트켄 분지에 착륙하여 탐사 로버 '위투玉兎 2호'를 월면으로 내보냈다

### A

2019년 1월 3일 중국 달 탐사선 '창어 4호' 세계 최초로 달의 뒷면에 착륙

2018년 12월 8일 CNSA(중국국가항천국)에 의해 시창西昌 위성발사센터에서 '창정 3호B'로 발사

'위투 2호'에는 영상기기 이외에 지중 레이더, 얼음 조사기기, 분광기가 실려 있다

### B

SPACE-X

스페이스X 사가 진행하는 소형 통신 위성으로 전체 지구를 네트워킹하는 '스타링크 프로젝트'가 진행되고 있다. 이미 1,600기를 쏘아올렸다.*

* 2022년 6월 현재 2,706기 – 감수자

### C Blue Origin
블루 오리진 사

달 착륙선 '블루문'의 상세 데이터 발표. 무인 탐사에서 유인 달 표면 체류까지 다용도로 쓸 수 있는 착륙선. 스페이스X 사와 정식 채용을 두고 경쟁한다

블루 오리진 사는 아마존 창업자 제프 베이조스가 설립한 우주기업

달의 뒷면으로부터의 전파를 수신하기 위해 미리 달 궤도에 통신위성이 배치되었다

### D

착륙선 '비크람' 달 착륙 시도 중 추락

인도가 독자적으로 개발한 로켓 GSLV-MKIII로 달 탐사선 '찬드라얀 2호' 발사

한편 NASA(미항공우주국)는 2020년 7월에 화성 탐사선 '퍼서비어런스Perseverance'를 발사하면서 화성의 생명 흔적을 조사하기 위한 미션인 '마스(화성) 2020'을 개시했다.

새로운 시대를 상징하는 또 한 가지 사건은 민간 우주기업의 본격 등장이다. 온라인 쇼핑몰인 아마존 창업자 제프 베이조스는 2000년에 우주여행 실현을 목표로 하는 블루 오리진을 설립하였으며 2020년 10월에 수직 발사 및 착륙 로켓 '뉴 셰퍼드New Shepard' 무인 발사 실험에도 성공했다.

또한 전기차 1등 기업인 테슬라를 이끌고 있는 일론 머스크는 2002년에 스페이스X를 설립하였고, 2020년 11월에는 민간 기업 가운데 최초로 국제우주정거장(ISS)에 우주비행사를 보냈다.

# 2019 ~ 2020

## 미·중, 치열한 경쟁 중 새로 진입하는 우주기업도

인물의 나이는 2019년에 12살 이었다면 해당 해에는 몇 살이 되는지를 제시한 것이다.

**2020**

**E** 2020년 5월 5일 중국 CNSA
초대형 로켓 '창정 5호B'와 신형 유인 우주선 첫 발사

**F** 2020년 7월 30일 미국 NASA
화성 탐사 미션 '마스 2020' 개시. 탐사선 발사

**G** 2020년 10월 13일 미국 블루 오리진 사
'뉴 셰퍼드' 무인 발사 실험 성공

〈13살〉

**H** 2020년 11월 16일 미국 스페이스X 사
상업용 유인 우주선 '크루 드래곤'으로 비행사를 ISS에

**I** 2020년 12월 6일 일본 JAXA
소행성 탐사선 '하야부사2'가 소행성 '류구Ryugu'에서 샘플 리턴에 성공

## 2020

**E**

**F**

탐사 로버는 토양 샘플을 채취하여 분석·보관하는 툴도 갖추고, 물이나 생물의 흔적을 찾는다

**G** Blue Origin

**H**

**I**

### JAXA

2014년 12월 3일에 발사된 '하야부사2'는 약 4년 만에 소행성 '류구'에 도달, 착륙했다.
탐사선에서 '류구' 표면에 탄환을 발사하여 지표의 샘플을 채취했다.*

*표면에 탄환이 부딪혀 폭발하는 순간, 하야부사2가 튀어오른 모래와 돌 등을 캡슐에 채취했다. – 옮긴이

### NASA

NASA 통산 5기째인 화성 탐사선 '퍼서비어런스'가 화성을 향해 발사되었다. 플루토늄 연료 발전 시스템 탑재.

아틀라스 V로 발사

**블루 오리진 사는 민간인의 우주여행이 목표다**
'뉴 셰퍼드' 발사 실험에 다시 성공. 비행시간은 10분 9초. 부스터도 수직 착륙했다.

### SPACE-X

스페이스X 사가 개발한 유인 우주선 '크루 드래곤' 제1호기가 국제우주정거장(ISS)에 4명의 우주비행사를 보냈다

**'창정 5호B' 발사 성공**
중국의 미래 우주개발을 책임질 초대형 로켓. 25톤 화물을 지구 저궤도까지 발사할 수 있다

탑승 캡슐을 분리하면 하부의 로켓은 자율귀환하여 지상으로 수직 착륙. 재사용된다.

### SPACE-X

스페이스X 사는 세계적인 전기차 기업 테슬라의 CEO 일론 머스크가 2002년에 설립한 벤처 우주기업

'하야부사2'가 채취한 '류구'의 토양 샘플은 2020년 12월 6일에 귀환한 '하야부사2'에서 캡슐로 투하되어 JAXA 연구팀에 인수되었다.

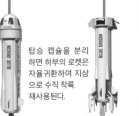

# 2021년 2월에 화성 탐사 미션이 유난히 많았던 이유는?

## 3개국 탐사선이 화성에

2021년 2월은 그 전해 7월에 지구를 떠난 각국의 화성 탐사선이 잇따라 화성에 도착한 경이로운 달이었다.

선두에 선 것은 화성도시 건설을 목표로 하는 아랍에미리트연방(UAE)이다. 2월 9일, 중동 최초의 화성 탐사선 '아말(amal, 영어명 호프)'이 화성 궤도 진입에 성공했다. 다음 날인 2월 10일에는 중국 최초의 화성 탐사선 '톈원天問 1호'도 화성 궤도에 도달했다. 2월 19일에는 NASA의 화성 탐사선 '퍼서비어런스'가 화성에 착륙하였고, 4월 19일 이에 탑재된 소형 헬리콥터 '인제뉴어티Ingenuity'가 화성 비행에 성공했다.

**2021**

<14살>

**A** 2021년 1월 18일 영국 버진 오비트 사 '런처원' 로켓을 공중발사하여 위성궤도에 쏘아 올리는 데 성공

**B** 2021년 1월 15일 미국 블루 오리진 사 로켓 '뉴 셰퍼드' 무인 테스트 발사와 회수·착륙에 성공

**C** 2021년 2월 9일 아랍에미리트연방(UAE) 화성 탐사선 '아말(호프)' 화성 궤도에 도착.

**D** 2021년 2월 10일 중국 CNSA 화성 탐사선 '톈원 1호'가 화성 궤도에 도착

**E** 2021년 2월 19일 미국 NASA 화성 탐사 미션 '마스 2020' 탐사선 '퍼서비어런스' 화성에 착륙

## 2021

### A Vrgin ORBIT
버진 오비트 사

**독자적인 방식으로 위성 발사 성공**

보잉 747에 실은 로켓을 고고도에서 공중발사하여, 위성을 저궤도 상에 쏘아올리는 실험에 성공했다. 저비용으로, 어떤 비행장에서도 발사 가능해진다

10기의 위성을 궤도에 투입했다

**리처드 브랜슨의 도전이 열매를 맺었다**

버진 오비트 사는 영국의 기업가 리처드 브랜슨이 이끄는 우주개발기업, 버진 갤럭틱의 자회사

### C UAE의 화성 탐사선이 화성에 도착

아랍에미리트연방(UAE)이 발사한 탐사선 '아말'이 화성 궤도에 도달했다. UAE가 목표로 하는 2117년 화성도시 건설을 향한 첫걸음

### B Blue Origin

블루 오리진 사의 '뉴 셰퍼드' 발사·착륙에 성공

유인 비행을 향해 커다란 한 발을 내디뎠다

### JAXA

'아말'은 일본의 H-IIA 로켓으로 다네가 섬에서 발사되었다

'톈원 1호' 2월 10일 궤도 투입

'아말' 2월 9일 궤도 투입

'퍼서비어런스' 2월 19일 화성 착륙

**2021년은 화성 탐사 러시의 해**

### D 중국 탐사선 '톈원 1호'도 도착

'톈원 1호'는 랜더와 탐사차 '마스 로버'를 탑재했다. 각종 계측기와 지중 레이더, 자기장 검출기 등을 탑재하여 화성 지형도 조사한다.

'톈원 1호'는 창정 5호로 발사되었다. 창정 5호는 수없이 개발이 지연된 끝에 실용화된 중국의 대형 로켓.

이 시기에 화성 탐사가 집중된 것은 우연이 아니라 화성과 지구의 거리가 가까워져서 훨씬 적은 연료로 화성에 도달할 수 있었기 때문이었다.

## 공중 발사에 성공한 버진

2021년은 민간 우주기업의 약진도 이어진다. 블루 오리진, 스페이스X와 나란히 주목을 받고 있는 기업은 영국의 기업가 브랜슨이 2004년에 설립한 버진 갤럭틱Virgin Galactic이다. 자회사인 버진 오비트Virgin Orbit는 같은 해 1월 18일에 로켓 '런처원LauncherOne'의 공중 발사에 성공하였다. 비행기 날개 밑에서 로켓을 발사하는 획기적인 방법으로 지구 공전궤도에 인공위성을 투입하여, 발사기지가 없어도 로켓을 쏘아올릴 수 있음을 증명한 것이다.

# 2021

### 일본의 우주벤처도 독자 분야에서 활약

**F** 2021년 3월 4일 미국 스페이스X 사
재사용형 유인 우주선 '스타십', 발사와 착지 성공, 직후에 폭발

**G** 2021년 3월 22일 일본 악셀스페이스 사
양산형 초소형 위성 'GRUS' 4기 발사 성공

**H** 2021년 3월 22일 일본 아스트로스케일 사
민간 최초의 우주 쓰레기 청소 위성을 소유즈 로켓으로 궤도상에 발사

**I** 2021년 4월 7일 미국 스페이스X 사
60기의 스타링크 위성을 지구 저궤도에 발사

**J** 2021년 4월 19일 미국 NASA
화성 탐사선의 소형 헬리콥터 '인제뉴어티' 비행에 성공

## H Astroscale
### 우주 쓰레기 청소 위성 발사

일본의 벤처기업 아스트로스케일 사가 궤도상의 우주 쓰레기 청소 위성 '엘사d'를 발사, 우주 쓰레기 청소 실험을 시작했다.

## J NASA

화성 탐사선에 탑재한 헬리콥터 '인제뉴어티'가 첫 비행에 성공했다. 지구로 치면 고도 약 1만 2,000m 부근의 공기가 희박한 환경에서의 어려운 비행에 성공한 것이다.

스타링크

'퍼서비어런스'는 2월 18일에 화성의 예제로 Jezero 크레이터에 착륙했다

NASA

## I SPACE-X
### 스페이스X 사

불과 한 달 동안 300기의 소형 통신위성을 발사했다. 사용 로켓은 독자적으로 개발한 팰컨9

## E
### NASA
### NASA의 화성 탐사 미션 '마스 2020' 시동

'마스 2020'은 NASA가 주도하는 화성 탐사 미션. 화성에 예전에 생명이 존재했는가, 존재할 수 있는 환경이 있었는가를 탐사·검증한다. 착륙 로버 '퍼서비어런스'와 소형 헬리콥터 '인제뉴어티'로 구성된다

## F SPACE-X
### 스페이스X '스타십' 발사와 착륙 성공

재사용 가능한 대형 우주선 '스타십'은 10km 상승한 후, 스스로 자세 제어하여 착륙 강하를 시도, 발사장으로 귀환에 성공했다

스타십은 귀환 몇 분 후에 폭발하여 불에 탔는데, 연료가 샌 것이 원인

## G
### AXELSPACE
### 일본의 벤처가 지구관측위성을 쏘아올렸다

악셀스페이스 사는 양산 가능한 초소형 위성으로 새로운 지구 센싱 사업을 목표로 하고 있다

'엘사d'는 러시아의 소유즈로 발사되었다

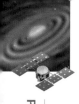

# 민간인이 우주로 날아간다!
## 우주여행 시대의 시작

현실에 가까워지는 우주여행

2021년 7월, 전 세계가 기업가 2명의 동향에 주목했다. 미국 블루 오리진의 베이조스와 영국 버진 갤럭틱의 브랜슨이 직접 우주선에 승선하겠다는 뜻을 밝히자, 둘 중 누가 먼저 우주에 갈 것인가에 뜨거운 관심이 쏠렸던 것이다.

브랜슨이 빨랐다. 7월 12일, 브랜슨을 태운 우주선 '스페이스십2'는 고도 약 85km까지 상승하여 약 70분 동안의 비행에 성공했다. 제트기에 탑재한 로켓을 상공에서 도중에 분리하여 상승한다는 독자적인 방식도 화제를 모았다.

한편, 베이조스를 태운 우주선은 7월 20일 '뉴 셰퍼드' 로켓에 실려 발사되어 고도 약 100km까지

**2021**

**A** 2021년 4월 23일 미국 NASA
스페이스X 사의 '크루 드래곤'으로 4명의 우주비행사를 ISS에 보냈다

**B** 2021년 4월 29일 중국 CNSA
우주정거장 '톈궁天宮' 건설이 시작되어 최초의 모듈이 발사되었다

**C** 2021년 5월 15일 중국 CNSA
화성 탐사선 '톈원 1호'에서 분리된 랜더가 화성 착륙 성공

**D** 2021년 7월 12일 영국
버진 갤럭틱 사의 창업자 리처드 브랜슨이 자사 우주선에 탑승하여 우주로

**E** 2021년 7월 20일 미국
블루 오리진 사의 창업자 제프 베이조스가 '뉴 셰퍼드'에 실린 자사 우주선으로 최초로 우주비행

**F** 2021년 7월 3일·31일 일본
우주로켓 개발벤처인 인터스텔라테크놀로지스 사의 저궤도용 로켓 발사 성공

<14살>

**2021**

**B**
중국

### 새로운 중국의 우주정거장 '톈궁'

'톈궁'은 총질량 66톤, 통상 정원 3명이 체류 가능한 코어 모듈과 두 개의 실험 모듈로 구성된다. 코어 모듈 '톈허天和'는 16.6m, 최대지름 4.2m.

'톈궁'의 코어 모듈 '톈허'가 '창정 5호B'로 발사되었다. 이후 여러 번 모듈을 발사하여 2022년 완성 목표. 완성 후에는 유인 우주선 '선저우神舟'로 비행사를 보내고 무인 화물 우주선 '톈저우天舟'로 물자를 수송.

### '창정 5호B' 발사 성공

'창정 5호B' 로켓은 오랫동안 개발되어온 '창정 5호'의 발전형. 전 세계 로켓 중 최대급 페이로드(Payload, 화물 수송 능력)를 갖고 있다.

**C**

중국의 화성 탐사선 '톈원 1호'에서 화성 착륙선이 화성 북반구에 착륙하고, 탑재한 탐사차가 주행했다.

**A**

## SPACE-X

**스페이스X 두 번째로 ISS에 우주비행사 보내기 성공**

비행사가 탄 '크루 드래곤', 발사용 팰컨9 1단 부스터는 모두 재사용 예정. 미션 후 부스터는 자동 귀환

4명의 승무원 가운데 한 명인 호시데 아키히코는 ISS 선장이다.

**D**

우주 체험에 환호하는 브랜슨

85km!

스페이스십2

**VIRGIN GALACTIC**

**E**

먼저 우주비행을 한 브랜슨에 대해 베이조스는 트위터에서 85km는 우주가 아니라고 항의. 브랜슨은 우아하게 활공하여 착륙했고 베이조스는 낙하산으로 황야에 착륙했다.

난 100km야!

BLUE ORIGIN

**Blue Origin**
뉴 셰퍼드

**F** Interstellar Technologies

일본의 인터스텔라테크놀로지스 사는 7월 3일과 31일에 연속해서 저궤도용 로켓 'MOMO' 발사에 성공, 상업 이용 가능성을 활짝 열었다.

도달했다. 완전 자동화된 우주선은 약 10분의 비행을 마치고 무사히 지상으로 귀환했다.

우주개발기업의 창업자가 연달아 우주비행을 성공시킴으로써 민간인의 우주여행이 현실에 한 발짝 더 가까워졌다. 버진 갤럭틱과 블루 오리진은 무중력을 체험할 수 있는 우주여행 예약을 이미 받고 있다.

그 밖에 미국의 스페이스X는 2021년 9월에 민간인만 태운 우주여행 미션 '인스피레이션4'를 실시하며,* 미국 악시옴 스페이스 사는 2022년 1월까지 민간인을 국제우주정거장(ISS)에 보낼 예정이다.** 각 회사는 모두 우주여행의 상업화를 향해 치열한 쟁탈전을 벌이고 있다.

---

\* '인스피레이션4' 미션은 2021년 9월 16일~18일 4명의 민간인을 태우고 성공적으로 실시되었다. – 감수자
\*\* 악시옴 사는 2022년 4월 민간인을 국제우주정거장에 보내는 데 성공하였다. – 감수자

# 2021 ~ 2022

우주벤처 창업자 직접 우주여행

---

**G** 2021년 12월 25일 NASA ESA CSA
허블 우주망원경의 후계인 제임스 웹 우주망원경을 아리안5로 발사
**H** 미국 스페이스X 사
'인스피레이션4'를 실시. 민간인 4명이 '크루 드래곤'으로 지구 궤도를 공전했다
**I** 일본 JAXA
차기 주력 로켓 H3를 2021년 무렵 발사 예정 (\* 2022년이나 그 후로 연기)
**J** 미국 악시옴 스페이스 사
민간인 4명 ISS에서의 우주 체류 여행 계획

<15살>

**2022**
**K** ESA · NASA · JAXA
목성의 얼음 위성 탐사선 '주스JUICE'가 가니메데를 향해 발사 예정 (\* 2023년으로 연기 – 감수자)
**L** 중국
새로운 우주정거장 완성 예정

---

## G

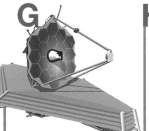

제임스 웹 우주망원경 태양 공전궤도에 발사

### NASA ESA CSA

**제임스 웹 우주망원경**

육각형 거울을 벌집 모양으로 조합하여 반사경 면적을 최대한으로 높인 구조로, 최고의 해상도를 자랑한다. 초기 은하의 생성 비밀을 풀어줄 것으로 기대를 모으고 있다.

### '아리안5'로 발사

사고 등으로 개발이 지연되었으나 페이로드는 세계 최대급이다.

## H 민간인의 우주여행이 시작된다

**최초의 민간인 단독비행 인스피레이션4**

미국의 결제 시스템 기업 CEO가 자선행사로 시행한 우주여행. '크루 드래곤'으로 지구 저궤도를 3일 동안 공전했다. 이용된 '크루 드래곤'은 4월에 ISS로 비행사를 수송하는 데에도 이용되었다.

크루 4명은 주관자인 재래드 아이작먼 선장 외에는 자선행사의 취지에 따라 선발되었다.

### JAXA 일본 JAXA의 H3 로켓 발사 예정

H3 로켓 발사가 2021년 이내로 예정되어 있다.\*

\* 2022년으로 연기 – 감수자

## I

**J** 민간인이 ISS에 체류한다

악시옴 스페이스 사의 우주여행이 시작된다. 민간인 4명이 ISS에서 8일 동안 머물 예정.

### ESA JAXA NASA

ESA · NASA · JAXA 합동 목성 탐사 미션 '주스' 발진하다\*

\* 2023년으로 연기 – 감수자

## 2022

## K 목성 얼음 위성 탐사 프로그램 '주스'

스라링크

목성의 위성 가니메데, 칼리스토, 유로파 등 3개를 탐사한다

유럽우주기구(ESA)가 주도한 계획에 일본, 미국이 협력하는 국제 미션. 얼음 속에 해양을 갖고 있을 것으로 추정되는 목성 위성 3개를 탐사한다. 목성 도착까지 5번의 플라이바이(Flyby, 중력 도움)를 해야 하므로 고도의 궤도항해 기술이 필요.

## L 중국의 우주정거장 '텐궁' 완성, 운용 개시

이 우주정거장은 국제적인 연구에 개방되어 현재 27개국에서 42가지 연구과제가 의뢰되어 있다.

2024년에는 허블 우주망원경에 버금가는 망원경을 발사, 정거장과 일체화한 운용을 목표로 하고 있다.

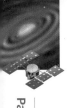

# '아폴로 프로그램'으로부터 반세기, 다시 인류가 달로 날아간다

NASA를 중심으로 달 탐사 재시동

여기서부터는 가까운 미래에 예정된 우주개발계획을 소개한다.

인류가 최초로 달 표면을 밟은 1969년 이래 미국은 '아폴로 프로그램'에 따라 여섯 번의 유인 달 표면 착륙을 성공시켰다. 그 후 오랫동안 유인 달 탐사 프로그램은 중단되었는데 반세기가 지난 지금, 다시 인류를 달에 보내는 '아르테미스 프로그램Artemis Program'이 시동을 걸었다.

이 프로그램의 목표는 우주비행사를 다시 달 표면에 착륙시키고, 그 후 달 표면이나 화성의 중계 기지로서 달 궤도 플랫폼 '게이트웨이'를 만들고, 최종적으로는 화성을 탐사하는 것이다. NASA를 중심을 한 국제 프로그램이며 한국과 일본을 비롯하여 여러 나라가 참가하고 있다.

---

**2022**

**A** 일본 JAXA
X선 천문위성 '엑스리즘XRISM' 발사 예정

**B** 일본 JAXA
무인 달 탐사선 '슬림' 발사 예정

**C** 일본 아이스페이스 사
달 탐사 미션 'HAKUTO-R' 개시
달 탐사선의 달 착륙이 목표다

〈15살〉

**2023**

**D** 일본 JAXA
제3세대 위성항법 시스템 '미치비키' 7기 체제로

**E** 미국 NASA
목성 위성 유로파 탐사선 '유로파 클리퍼Europa Clipper'를
2023년부터 2025년까지 발사 예정

**F** 미국 스페이스X 사
'스타십'으로 달 공전궤도의 우주여행 계획

〈16살〉

---

**B** 무인 달 착륙기 '슬림' 발사

'슬림'은 안면인식 시스템 기술을 응용하여 달 착륙 시 오차 100m 고정밀 자동 착륙을 목표로 한다.

**A**

**JAXA NASA ESA**

은하 X선 분광촬영위성 '엑스리즘'

NASA와 ESA 합동 미션. 은하의 구조 형성, 은하의 진화, 우주 에너지의 흐름을 탐지하는 것을 목적으로, 우주의 고온 플라즈마를 X선 분광영상으로 파악한다.

발사에는 H3 로켓이 사용될까

**우주를 향한 새로운 도전이 시작된다**

**C** ispace

일본의 우주벤처 아이스페이스 사가 'HAKUTO-R 계획'으로 무인 달 탐사선을 발사한다. 'HAKUTO-R 계획'은 월면도시 건설도 고려한 프로젝트. 아이스페이스 사가 독자적으로 개발한 달의 자원 탐사를 목표로 한다. 소형 랜더와 탐사로버로 구성되어 앞으로 지구와 달의 수송과 자원 탐사 기술을 검증한다.

**D** 위성항법 시스템 '미치비키' 7기 체제가 되다

'미치비키'는 기존 GPS 위성과 일체화하여 운용 가능. 그러므로 고정밀도이고 안정된 위치에서 운용이 기대된다.

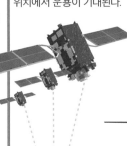

GPS 정밀도 오차 몇 센티미터 수준으로

**E** NASA

목성의 위성 유로파 탐사선 '유로파 클리퍼' 발사

유로파 내부의 해양 등 상세히 탐사가 목적이다.

**일본의 독자적인 탐사선도 달로**

　일본 우주개발에서 중심적 역할을 담당하는 것은 일본의 국립연구기관인 JAXA(일본우주항공연구개발기구)다. JAXA는 독자적으로 개발한 소형 달착륙 실증기 '슬림SLIM'을 2022년 하반기에 발사할 예정이다. 착륙하고 싶은 장소에 정확히 착륙하는, 오차가 적은 정밀 착륙을 지향하고 있다.

　또한 일본 우주벤처 기업인 아이스페이스ispace 사도 2022년 달 표면 착륙을 목표로 하고 있다. 이것은 일본 최초의 민간 달 탐사인 '하쿠토-RHAKUTO-R 계획'의 첫 번째 미션이며, 다음 해에는 두 번째 미션으로 달 표면 탐사를 예정하고 있다.

# 2022 ~ 2024

일본도 달 탐사를 향해
새로운 도전을 시작한다

**2024**

**G** 일본·프랑스·독일
화성 탐사선 'MMX' 발사 예정

**H** 미국 NASA
'아르테미스 프로그램' 시동. 유인 달 착륙 '아르테미스 프로그램'과 연동한 달 궤도 플랫폼 '게이트웨이' 구축 시작. 물자 발사는 스페이스X 사도 담당

**I** 미국 악시옴 스페이스 사
ISS 상업용 이용을 위한 모듈 발사

**J** 미국 NASA
2018년 발사한 태양 탐사선 '파커 태양 탐사선Parker Solar Probe'이 태양에 가장 가깝게 접근한다

&lt;17살&gt;

**G** JAXA · CNES · DLR

**화성 탐사·귀환기 'MMX' 발사**

**JAXA CNES DLR**

'MMX'의 미션은 화성의 위성 포보스Phobos나 데이모스Deimos에 착륙하여 지표 샘플을 지구로 갖고 귀환하는 것. 성공하면 인류는 최초로 화성 주위의 물질을 얻게 된다. 화성과의 왕복 기술, 고도의 샘플링 기술, 심우주와의 통신 기술 등, 앞으로의 행성 탐사에 필요한 기술을 얻는 것도 기대되고 있다.

**F** SPACE-X

'스타십'을 사용한, 일본의 민간인에 의한 전세 비행이 시행된다.

10명 정도의 여행자가 6일 정도 달의 공전궤도를 도는 우주여행을 할 예정

**I** 악시옴 스페이스 사
ISS에 상업용 모듈을 구축한다

AXIOM SPACE

**H** NASA　ESA　JAXA

**달 궤도 플랫폼 '게이트웨이'**

미국을 중심으로 일본·유럽·캐나다 등이 합동으로 건설하는 우주정거장. 달로의 왕복과 월면기지 건설, 그리고 화성으로 가는 유인 비행의 기지가 된다.

**'아르테미스 프로그램' 재시동**

2019년에 시작된 '아르테미스 프로그램'의 목표는 인류의 화성 도착. 그 첫걸음이 인류의 달 재착륙과 그것을 위한 달 주위를 공전하는 플랫폼 건설이다.

**J** NASA
2018년 8월 12일에 발사한 NASA의 '파커 태양 탐사선'은 태양 코로나 안으로 진입하여 태양 반지름의 8.5배 지점까지 접근한다.

NASA

# 달 궤도 플랫폼을
# 국제적으로 협력하여 건설한다

## 탐 탐사의 거점 '게이트웨이'

NASA가 주도하는 '아르테미스 프로그램'에서 중요한 역할을 하는 것이 달 주위를 공전하게 될 우주정거장 '게이트웨이'다. 가깝게는 달 탐사의 중계기지로, 좀 더 먼 미래에는 화성에 가기 위한 기지로 사용될 예정이다.

국제우주정거장(ISS)과 마찬가지로 국제 협력을 통해 건설될 예정이며, JAXA는 NASA, 유럽우주기구(ESA)와 연계하여 국제 거주 모듈 등을 담당하기로 결정되어 있다.*

---

\* 한국은 아르테미스 프로그램 중 하나인 달 궤도선 KPLO(Korea Pathfinder Lunar Orbiter)의 2022년 발사를 시작으로 2030년까지 달 착륙 탐사를 추진하고 있다. - 감수자

---

**2025**
A  일본·프랑스·독일
화성 탐사선 'MMX' 화성 도착

**2026**
B  미국 NASA
토성 탐사 '뉴프런티어 프로그램'으로
탐사선 '드래곤 플라이' 발사 예정

\<18~19살>

**2027**
C  ESA·캐나다·일본
달 탐사 프로그램 '헤라클레스'
시동.

\<20살>

**2028**
D  미국 NASA
달 궤도 플랫폼 '게이트웨이' 완성 예정

E  미국 NASA
달 궤도 플랫폼 '게이트웨이'를 거쳐서
59년 만에 2명의 인류를 달에 도착시킨다?

\<21살>

---

### JAXA · CNES · DLR  A
### 'MMX' 화성 도착

1년 걸려서 화성의 위성에 도착하고, 3년에 걸쳐서 공전을 관측하고, 여러 번 착지를 시도한다.

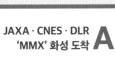

### JAXA
### CNES
### G DLR

5년 후에 'MMX'는 10그램 이상의 샘플을 갖고 지구로 귀환한다. 화성형 위성의 기원을 알아내는 데 귀중한 시료가 된다.

### 토성의 위성 타이탄 탐사선  B
### '드래곤 플라이' 발사

타이탄은 초기의 지구와 비슷한 환경. 지구의 생명 탄생의 실마리를 찾고 있다.

### NASA

2035년에 '드래곤 플라이'는 타이탄에 도착한다. 그로부터 2년 8개월에 걸쳐서 드론 탐사선은 타이탄을 날아다니면서 환경탐사를 계속한다.

### J BIGELOW AEROSPACE

비글로 에어로스페이스 사가 민간 상업용 정거장(우주호텔) 발사

비글로의 우주호텔은 공기로 부풀리는 구조. 발사 때는 작고, 우주 공간에서 크게 펼칠 수 있으며, 쾌적한 거주 공간을 제공할 수 있다고 주장한다.

### 지구

### D '게이트웨이' 완성

달 궤도 상에 건설된 게이트웨이에는 몇 가지 역할이 있다. 달과 지구의 중계기지로서 통신 중계, 달로의 발착 거점, 실험실에서의 과학 관측과 실험, 화성으로의 유인 비행을 위한 기지로서의 역할을 갖는다. 미래의 달 기지 건설을 위한 중계기지 역할도 크다.

### NASA
### ESA
### JAXA

원래 예정은 2024년에 남녀 2명의 우주비행사를 달 표면에 착륙시키고, 그와 병행하여 게이트웨이를 건설하는 것이었지만, 이런저런 사정 때문에 연기가 검토되었다고 한다. 아무튼, 게이트웨이가 완성되면 달 탐사에 한층 탄력이 붙을 것은 분명하다.

게이트웨이 완성과 유인 달 표면 착륙을 향해 각국은 무인 달 표면 착륙선 실증 시험에 착수하고 있다. 그리고, 달 착륙 실험 다음으로 유인 달 표면 탐사를 염두에 둔 무인 달 표면 탐사를 준비하고 있다.

ESA, 캐나다우주청(CSA), JAXA는 '헤라클레스 프로그램'을 공동 추진하고 있다. 이것은 달에 무인 달 표면 탐사차(로버)를 보내고, 이것이 채취한 샘플을 게이트웨이로 갖고 돌아와서 최종적으로 유인 우주선으로 회수하는 계획이며 2026년 발사 예정이다.

# 2025 ~ 2029

> 달 착륙 다음은
> 본격적인 달 표면 탐사

**F 중국**
유인 달 착륙기 '창어'로 달 착륙 예정

**2029**

**G 일본·프랑스·독일**
화성 탐사선 'MMX' 지구로 귀환
각종 샘플을 가져옴

<22살>

**H 일본 도요타·JAXA**
달 탐사용 유인 여압 월면차를
달 표면에 보냄

**I 러시아·중국**
공동으로 달 궤도 상이나
달 표면에 기지 건설 시작

**J 미국 비글로 에어로스페이스 사**
달 공전궤도 상에 우주호텔을 건설하고,
영업을 시작

**K 미국 NASA**
달 궤도 플랫폼 '게이트웨이'에서 화성을
향해 항해하는 스타십 검증을 시작

**F 중국**
'창어계획'에 따라 미국에
대항하여 우주비행사가
달 표면 착륙

**H TOYOTA · JAXA**
**유인 여압 월면차를 달 표면에 보냄**
국제 유인 월면 탐사에 꼭 필요한 대형
여압 로버를 일본의 도요타가 개발하고
JAXA가 제공한다. 수소연료전지로 구동
하고, 2명이 체류하며 탐사 활동 가능

**화성**

**2명의 우주비행사가
달 표면에 도착한다**
달 착륙선으로는 스페이스X
사의 '스타십' 채용 예정

도착 후에 보급 물자를 수송하
고 달 표면에 활동 거점을 만들
기 시작

**SPACE-X**

**I**
중국·러시아 공동으로
달 표면 기지를 건설하기 시작한다

**달**

**토성으로**

**SPACE-X**

**K** 유인 화성 탐사를 위한 우주선으로
스페이스X 사의 '스타십'이 선정되어,
비행 검증이 시작된다.

스타십은 100톤의 화물, 또는 100명의 승객
을 태울 수 있다. 스페이스X 사는 이 우주선
으로 화성까지 비행할 계획이다.

**E 우주비행사
다시 한 번 달로**

**ESA CSA JAXA**

**C 대형 무인 달 착륙선
'헤라클레스' 달 표면
착륙**

본격적인 유인 달 착륙을 향한 기술 실증을 위한 '헤라클
레스 프로그램'. 일본의 JAXA가 착륙선 본체를, 캐나다
우주청이 로버, ESA가 이륙선을 개발한다. 로버가 채
취한 샘플을 이것으로 게이트웨이로 가지고 돌아온다.

# 인류, 마침내 화성에 서다
## 달 다음 목표는 화성

**본격화하는 화성 탐사**

인류가 달 다음으로 목표로 삼은 것은 과거에 생명이 존재했을 가능성이 있다고 여겨지는 화성이다. 2030년대에는 마침내 본격적인 화성 탐사가 시작될 것이다.

지금까지 화성 탐사는 무인 탐사선을 통한 촬영이나 관측 데이터 전송 등에 머물렀는데, 다음 단계 화성 탐사는 샘플 리턴(지구 밖에서 암석 등 시료를 채취하고 지구로 돌아오는 것)이다. 이 과제에 도전하는 것이 NASA와 유럽우주기구(ESA)가 손을 잡은 '마스 샘플 리턴' 계획이다.

2021년에 화성에 착륙한 NASA 탐사선 '퍼서비어런스'가 샘플을 모으고, ESA의 로버가 그것을 회수하여 2031년 지구로 귀환하는 것으로 계획되어 있다.

### 2030

**A** 일본 JAXA
일본인 우주비행사, 최초로 달 표면에 도착

**B** 미국 NASA
'아르테미스 프로그램' 화성을 향해 시동

**C** ESA·NASA·JAXA
목성 탐사선 '주스' 목성 도달

**D** 중국 CNSA
지구 궤도상에 스페이스 셔틀 등장

**E** 악시옴 스페이스 사 등
ISS의 민간 활용이 본격화

〈23살〉

### 2031

**F** 미국 NASA
화성 무인 탐사선 '퍼서비어런스'가 화성의 시료를 지구에 보낸다

**G** ESA·NASA·JAXA
목성 탐사선 '주스'가 탐사 활동을 시작

〈24살〉

**B** **NASA '아르테미스 프로그램' 마침내 화성으로**

NASA의 짐 브리던스타인 국장은 2033년까지 유인 화성 탐사를 시행할 것이라고 표명

**A** **일본인 우주비행사 달에 서다**

일본은 미국의 '아르테미스 프로그램'에 적극 협력하여 달 궤도의 '게이트웨이' 운영·활동에서도 주요 멤버로 공헌한다.

**JAXA**

제공 JAXA

**J** **JAXA 달 표면에 연료공장 건설**

달 표면의 남극 부근에 존재하는 물에서 로켓 연료가 되는 수소를 제조하는 시설을 건설한다. 달 표면에서 연료를 제조하면 지구에서 운반해올 필요가 없어진다.

**D** 중국판 스페이스 셔틀이 우주정거장과 지구를 오간다

**K** 중국·러시아의 달 표면 합동기지 지도 완성.

**NASA**

NASA는 달과 게이트웨이 간 왕복 수송에 스페이스X 사의 '스타십'을 선정했다

**SPACE-X**

**AXIOM SPACE**

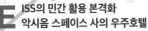

**E** **ISS의 민간 활용 본격화 악시옴 스페이스 사의 우주호텔**

ISS를 활용하여 독자적인 모듈을 추가, 우주관광에 이용한다

NASA는 2033년까지는 화성에 인류를 보내는 것을 아르테미스 프로그램의 최종 목표로 삼고 있다. 화성 샘플 리턴에 성공한다면 이러한 계획에 탄력이 붙을 것이다.

## 목성이나 토성의 위성에도 도착

2030년대에 인류가 지향하는 것은 화성뿐만이 아니다.

ESA가 주도하고 미국과 일본도 참가하는 세계적인 목성 얼음위성 탐사 계획인 '주스JUICE'도 2030년 무렵에 목성에 도착하여 탐사 활동을 시작할 예정이다. NASA의 드론 탐사선 '드래곤 플라이'가 지구와 비슷한 환경을 가진 토성의 위성 타이탄에 도착하는 것도 2030년대 중반 무렵일 것으로 보고 있다.

# 2030 ~ 2035

**화성 샘플 회수와 유인 화성 착륙에 도전한다**

**2033**

**H** 미국 NASA
인류가 최초로 화성에 도착한다. 화성 기지 건설 시작
<26살>

**2034**

**I** 미국 NASA
토성 탐사선 '드래곤 플라이'가 토성의 위성 타이탄에 착륙
<27살>

**2035**
**J** 일본 JAXA
달 표면의 물을 원료로 하는 로켓 연료 공장 시설을 건설한다
**K** 중국·러시아
중국·러시아 합동 달 표면 기지가 생긴다
<28살>

**I** NASA

**타이탄에 '드래곤 플라이'가 도착한다**
태양계의 위성 중에 유일하게 대기가 존재하는 환경이며, 2년 8개월 동안 탐사한다.

**H** NASA

**인류가 최초로 화성에 발을 딛는다**
화성으로의 비행에는 7개월이 예정되어 있다. 화성에 도착한 비행사는 지구와 화성의 거리가 가까워질 때까지 15개월 동안 체류한다. 그동안 화성에서 생존하기 위한 주거, 의료, 식량, 에너지 등에 대해서 학습하게 된다

최초의 기지는 소형 돔 형식의 모듈로 건설된다

**ESA JAXA NASA**

**C** ESA · NASA · JAXA 합동
'주스'
목성에 도착

**G** '주스'
탐사 활동을 시작

**NASA**

**F** '퍼서비어런스'의 화성 샘플이 지구로
'퍼서비어런스'가 수집한 샘플을 ESA가 파견한 수집 로버가 모아서 귀환기에 실어 최초로 화성의 시료를 지구로 운반한다.

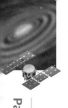

# 우주여행이 현실이 되고
# 화성 이주도 꿈이 아닌 시대가 온다!?

우주여행이 훨씬 가까이에

아래 일러스트는 2040년대 이후 우주개발의 진전을 예상한 것이다. 미래의 인류는 어디까지 우주에 다가갈 수 있을까?

21세기 후반이면 우주여행은 더 이상 꿈이 아니게 될지도 모른다. 참가자의 증가나 로켓 재사용 기술 발전 등에 의해 비용이 저렴해지면 일반인도 우주체험을 즐길 수 있게 될 것이다. 지금은 꿈처럼 느껴지는 지상에서 우주를 잇는 우주엘리베이터도 실용 단계에 들어가 있을지 모른다. 우주엘리베이터란, 지상과 우주를 케이블로 이어서 엘리베이터처럼 승강기를 이동시켜서 사람이나 물자를 운반하는 것이다. 이것이 실현된다면 로켓보다 훨씬 쉽고 안전하게 우주에 도달할 수 있게 될 것이다.

**E 우주엘리베이터가 가동하기 시작한다**

일본의 건설회사 오바야시구미가 제창. 현재 인류가 가진 최강의 물자인 '탄소 나노튜브carbon nanotube'를 이용해 정지궤도까지 튜브를 연장하여 만든 궤도를 사용하여 엘리베이터처럼 우주로 올라가겠다는 구상

## 2040년대

**A** NASA·ESA 합동으로 화성의 활동 거점을 확장한다

**B** 러시아·중국·NASA 행성간 항행로켓의 엔진에 원자력이 이용된다

**C** 지구 공전궤도 상의 태양광 발전 가동

**우주여행 비용의 극적 저하**

**F 우주관광이 일반적이 된다**

우주엘리베이터가 간단히 사람들을 정지궤도까지 데려가면, 그 비용은 극단적으로 저렴해진다. 우주여행 시대가 올 것으로 예상되고 있다.

▶ ▶ ▶

**C 우주 태양광 발전소 가동**

지구의 위성궤도 상에 설치한 시설로, 태양광 발전을 하여 그 전력을 마이크로파 또는 레이저빛으로 변환하여 지상의 수신국에 보내어, 지상에서 다시 전력으로 변환한다. 지구에서는 거의 365일 24시간 무한한 전력을 이용할 수 있다.

※ 이 페이지의 일러스트는 모두 이미지다.

22세기는 우주이민 시대?

　우주여행 다음으로 인류가 지향하는 것은 우주에서 사는 것이다. 미국 스페이스X의 일론 머스크는 장대한 화성 이주 계획을 발표했으며, 아랍에미리트연방(UAE)은 2117년까지 화성에 도시를 건설하여 이민자를 보내겠다고 계획하고 있다.

　우주이민을 가능하게 하려면 지구와 같은 환경을 갖출 필요가 있으며, NASA를 비롯해 각국의 우주기관과 민간 우주기업이 이 문제와 씨름하고 있다. 22세기를 맞이할 때쯤이면 과연 인류는 달이나 화성에서 살 수 있게 될까?

# 2040 ~ 2100

달과 화성에 지구와
같은 환경을 만든다

**2050년대**

**D** 미국 스페이스X 사
화성 도시 건설을 시작하고, 그를 위한 이민 수송이 시작된다

**E** 일본 오바야시구미
우주엘리베이터가 실용 단계가 된다

**F** 지구 궤도 상에 다양한 민간 시설이 탄생한다.
동시에, 일반인들의 우주여행이 큰 인기를 끈다

**2100년대 무렵까지는**

**G** 미국 스페이스X 사
화성에 1만 명이 사는 도시를 건설한다

**H** 아랍에미리트연방(UAE)
2117년까지는 화성 도시를 건설

# 2050년대는 달·화성으로 우주이민을 가는 시대일까

**B** 러시아·중국·NASA
**원자력 엔진 실용화**

행성간, 항성간 비행을 위해서는 현재의 로켓 엔진으로는 무리다. 핵에너지 추진 엔진 개발이 진행되고 있다. 2040년대부터는 실용화될 수도 있다.

**D** **SPACE-X**
**화성에 인류의 새로운 사회를 창조한다**

스페이스X 사의 일론 머스크는 2050년대부터 화성 이민 계획을 제창하고 있다. 지구 환경의 파괴, 전쟁, 질병 등 인류의 위기를 맞이하여 지구 문명의 도피처로서 화성에 독자적인 사회를 형성할 필요를 주장하고 있다.

**A** **NASA·ESA**

NASA·ESA 등이 합동으로 화성에서의 활동 거점 확대를 꾀한다.

**G** 화성 도시 상상도

SPACE-X

# 세계의 우주 관련 조직·기업

## 이 중에 여러분이 앞으로 일할 곳이 있을지도 모른다

## 세계 주요국의 우주 관련 조직

**NASA** 미항공우주국
(National Aeronautics and Space Administration)
머큐리, 제미니, 아폴로 등 인류의 우주개발을 이끌어온 미합중국 소속 기관. '아르테미스 프로그램'으로 달과 화성을 목표로 한다.

**Roscosmos** 로스코스모스 사(Роскосмос)
소비에트연방이 무너진 1992년에 러시아우주청이 설립되었다. 조직 개편 후에 지금의 로스코스모스 사가 되었다. 달 탐사선 계획에서는 중국과 협력한다.

**CNSA** 중국국가항천국(国家航天局)
중국의 우주개발 운용을 맡고 있는 국가조직. 군사개발이나 발사센터 관리 등은 인민해방군 관할이다.

**JAXA** 일본우주항공연구개발기구
2003년에 우주과학연구소와 항공우주기술연구소, 우주개발사업단이 통합하여 발족. 로켓개발, 인공위성과 무인 우주탐사로 세계의 우주 연구에 공헌하고 있다. 조후調布, 쓰쿠바筑波, 다네가섬種子島 등 10군데 이상의 시설로 이루어져 있다.

**ESA** 유럽우주기구(European Space Agency)
전신은 유럽로켓기구. 1975년 ESA 설립. 현재 22개국이 가입한 유럽의 우주개발기구. 캐나다도 특별협력국으로 참가. 본부는 파리. 아리안 스페이스 사를 통해 상업용 발사 서비스도 제공한다.

**ISRO** 인도우주연구기관(Indian Space Research Organisation)
인도 우주개발의 아버지 비크람 사라바이Vikram Ambalal Sarabhai가 초대 장관. 현재는 달·화성·금성 등의 탐사 미션에 주력. PSLV, GSLV 등의 주력 로켓을 개발.

**CSA** 캐나다우주청(Canadian Space Agency)
캐나다 우주개발을 맡은 조직. NASA나 유럽우주기구와 밀접하게 제휴하고 있다. CSA가 독자적으로 개발한 로봇팔이 ISS에서 사용된다.

**UAESA** UAE우주기구(UAE Space Agency)
2014년 설립된 아랍에미리트연방의 우주사업 연구기관. 에미리트 화성 미션에서 관측위성을 화성 공전궤도에 투입시키는 데 성공했다.

**CNES** 프랑스국립우주연구센터
(Centre National d'Etudes Spatiales)
프랑스의 우주개발·연구를 하는 정부기관. 유럽우주기구(ESA)에서 중심적인 역할을 하고 있다.

**DLR** 독일항공우주센터
(Deutsches Zentrum für Luft-und Raum-fahrt)
독일의 항공기술과 우주개발을 맡은 정부기관. 프랑스와 나란히 ESA를 이끌고 있다. 본부는 쾰른.

## 세계의 우주 관련 민간 기업

### 로켓 제조·발사 서비스

★대형 로켓 제조사 ●●●●●●●●●●●●●●●

**[미국]**

**록히드 마틴**
미국의 항공·우주 명문 제조사. '아틀라스' 로켓, '오리온' 우주선 등의 제조를 담당하고 있다.

**보잉**
세계 최대의 항공우주기기 개발회사. 군사용, 상업용 로켓 개발. 현재는 '아르테미스 프로그램'에 사용하는 로켓 '스페이스 론치 시스템Space Launch System' 개발 제조를 담당.

**스페이스X**
일론 머스크가 세운 우주개발·발사 서비스 회사. '팰컨9' 로켓이나 사상 최대의 발사 시스템 '스타십'과 '슈퍼헤비'를 개발 중. 우주선 '크루 드래건' 제조, ISS 사이의 수송도 수행한다.

**에어로젯 로켓다인**Aerojet Rocketdyne
미국 유일의 유서 깊은 로켓 엔진 메이커. 아폴로 프로그램에 사용된 '새턴V', '스페이스셔틀', 'SLS' 등의 엔진을 개발 제조.

**ULA**(United Launch Alliance)
록히드 마틴과 보잉의 발사 부문을 합병한 발사 서비스 기업. 두 회사가 제조한 로켓 '아틀라스V' '델타V' '발칸' 등을 운용.

**블루 오리진**
아마존 창업자 제프 베이조스가 창업. 초대형 로켓 '뉴 글렌New Glenn'이나 달 착륙선을 개발하고 있다.

### 인공위성 제조·운용·서비스 관련 기업

★대형 위성 개발·제조 ●●●●●●●●●●●●●

**[미국]**

**록히드 마틴**
인공위성의 기본 기능을 표준화한 범용위성 플랫폼=위성버스* 시리즈를 제조하고 있다.

> *위성은 통상적으로 페이로드Payload와 버스Bus로 구성되는데, 위성버스Satellite bus란 페이로드를 장착하고 구동하기 위한 모든 시스템을 가리킨다. –옮긴이

**보잉**
조기경계위성, GPS위성, 통신위성 등을 제조.

**스페이스 시스템즈/로럴**Space Systems/Loral
세계 최초의 통신위성 '쿠리에1B(Courier 1B)' 개발.

**[유럽]**

**에어버스 디펜스 앤드 스페이스**Airbus Defence and Space
정지궤도에 투입되는 통신위성 등을 제조.

**탈레스 알레니아 스페이스**Thales Alenia Space
통신에서 탐사위성까지, 우주의 종합 디벨로퍼.

**[일본]**

**미쓰비시전기**
태양 관측위성 '히노데', 위성항법 시스템 '미치비키' 등 많은 관측위성 제조.

**NEC**
기후변동 관측위성 '시키사이', 정지기상위성 '히마와리' 등 다수의 위성 제조

★소형 위성 개발·제조 ●●●●●●●●●●●●●●●●

**[미국]**

**요크 스페이스 시스템즈**York Space Systems
소형 위성의 대량 생산화를 가능하게 하는 독자적인 버스를 개발.

**레이테온 테크놀로지스**Raytheon Technologies
인공위성도 개발하는 거대 군수기업. 엔진 개발로 이름 높은 프랫 앤드 휘트니Pratt & Whitney를 거느리고 있다.

**[영국]**

**서리 새틀라이트 테크놀로지**Surrey Satellite Technology
소형 위성 개발과 우주 쓰레기 청소 위성 개발.

**[덴마크]**

**곰스페이스**GOMspace
초소형 위성 새틀라이트 시스템 개발, 제공.

[러시아]

**GKNPTs 흐루니체프** '프로톤Proton' '안가라Angara' 개발
**NPO 에네르고마쉬** '소유즈' 엔진 개발

[중국]

**중국항천과기집단유한공사(CASC)**
1999년에 중국국가항천국에서 독립한 중국의 국유기업. 산하의 연구소와 기업이 로켓, 우주선, 위성, 미사일 등을 개발, 제조하고 있으며 CASC는 그것을 총괄한다.

[일본]

**미쓰비시중공업**
일본 로켓 개발 총괄 기업
**로켓 부품 관련 주요 기업**
IHI, IHI에어로스페이스, 가와사키川崎중공업, 일본항공전자공업, NEC스페이스테크놀로지, 미쓰비시 프리시젼Mitsubishi Precision

[유럽]

**에어버스 디펜스 앤드 스페이스 / 아리안 스페이스**
아리안 로켓 발사 전문회사. 아리안4에 의해 세계의 상업용 로켓 발사에 성공했다. 소유즈 로켓 발사도 하청을 받았다.

[인도]

인도우주연구기관이 전체를 총괄하고 있었지만 최근 Agnikul Cosmos, Skyroot Aerospace, Vesta Space Technology 등 새로운 기업이 진입하고 있다.

[미국]

**로켓 랩Rocket Lab**
소형 로켓 '일렉트론Electron'에서의 소형 위성 발사 사업을 벌이고 있다. 3D 프린터를 이용하여 저비용 엔진을 개발했다.
**버진 오비트**
리처드 브랜슨이 이끄는 버진 그룹의 소형 로켓 '런처원'에 의한 위성 발사 기업. '런처원'은 항공기에서 공중발사된다.

[중국]

**원스페이스OneSpace**
2015년 설립된 벤처. 'OS-X' 로켓 발사에 성공하고, 이후 소형 로켓 개발을 가속화하고 있다.
**아이스페이스**
3단 고체로켓과 1단 액체연료로켓으로 이루어진 '하이퍼볼러 1S'를 개발하고 위성 발사를 지향한다.
**엑스페이스ExPace**
국영항공천과공업집단이 세운 벤처. 고체연료로켓 '콰이저우快舟선' 개발에 성공.
**랜드스페이스**
칭화清華대학에서 시작한 우주벤처. 액체연료의 중형 로켓 '주췌朱雀 2호' 개발을 추진.

[일본]

**인터스텔라테크놀로지스**
벤처기업가 호리에 다카후미堀江貴文가 설립한 소형 로켓 개발벤처. 저궤도로켓 'MOMO' 개발 · 발사에 성공했다.

[일본]

**캐논전자**
캐논의 광학 기술을 살린 초소형 위성 제공.
**악셀스페이스Axelspace**
초소형 위성 제공, 지구 센싱 서비스.

**★위성 부품 공급 기업 중 주요 기업** ··············
Honeywell, Raytheon Sodern, ThrustMe, MDA(Maxar Technologies) Berlin Space Technologies, 일본 비행기, IHI 에어로 스페이스, 다마가와정밀기계多摩川精機

**★위성 지상 운용 시스템 기업** ··············
L3, Kratos Defense and Security Solutions, NEC

**★통신 서비스 주요 기업** ··············
Softbank, KDDI, Globalstar, EchoStar, Intelsat S. A., BeepTool, MEASAT

**★통신위성 배치Satellite constellation 관련 기업** ····
Intelsat, SpaceX, O3b, Orbcomm, Amazon, 스카이 퍼펙트 JSAT, OneWeb, Eutelsat

**★위성 영상 데이터 서비스** ··············
Orbital Insight, Descartes Labs, SpaceKnow, Ursa Space Systems, Maxar, 히타치 솔루션스, JSI, e-GEOS, Geocento

**★위치정보 제공 사업** ··············
Caterpillar, 고마쓰小松제작소, 구보타(주), 얀마, 히타치 조선, 마젤란 시스템즈

**★리모트 센싱remote sensing** ··············
Orbital Insight, CapeAnalytics, Descartes Labs, SpaceKnow, TellusLabs, Ursa Space Systems, Rezatec, RS Metrics, Bird.i, ESRI, RESTEC, 파스코Pasco, 덴치진天地人

**★농원관리 · 생육 정보** ··············
Planet, FarmShots, Dacom, Satellogic, Astro Digital, eLEAF, 지아헤 인포JiaHe Info, 히타치 솔루션스, 비전테크, 팜십Farmship, 앳비전At Vision, 아오모리현 산업기술센터

## 우주탐사 · 우주생활 · 관광 관련 기업

**우주탐사** ··············
Planetary Resources, Deep Space Industries, ispace, 다이몬
**우주식 관련** ··············
UTC Aerospace systems, Honeywell Aerospace, Argotec, Goldwin, Euglena
**우주여행** ··············
버진 갤럭틱, 블루 오리진, PD 에어로스페이스, HIS, ANA홀딩스
**우주호텔** ··············
악시옴 스페이스, 비글로 에어로스페이스Bigelow Aerospace, 오비탈 어셈블리Orbital Assembly
**일본의 다양한 우주 관련 기업** ··············
도요타자동차, 오바야시구미大林組, SUBARU, 퍼솔Persol R&D, 미쿠니, 이글공업, 스미토모住友정밀공업, 주료中菱엔지니어링, 다마딕Tamadic, IHI제트서비스, 다마가와정밀기계, 우주기술개발, 다케다竹田설계공업, CRE, 다이이치第一시스템엔지니어링, 료에이테크니카菱栄テクニカ, 아사히旭금속공업, AES, 산기쿄三技協 EOS, 미쓰정밀기계ミツ精機, 유인우주시스템, 데라우치寺内제작소, 다카치호高千穂전기, 료케이소菱計装, 다마가와玉川공업, 아밀アミル, HIREC

**★지도정보 관련 기업** ··············
UrtheCast, 젠린Zenrin, arbonaut, AABSyS, 히타치 솔루션스, 우베宇部흥산컨설턴트, 애드인연구소, 파스코

**★기상예보 관련 기업** ··············
GeoOptics, Spire, PlanetOS, Tempus Global Data, IBM, 웨더뉴스, 웨더맵Weather Map

**공전**
어떤 천체가 다른 천체 주위를 도는 것. 지구는 태양 주위를 공전하고 있다.

**공전궤도**
항성이나 행성 등의 천체를 중심으로 하여 그 주위를 도는 다른 천체나 인공위성의 경로.

**공전주기**
어떤 천체가 다른 천체 주위를 한 바퀴 도는 데 걸리는 시간. 지구의 공전주기는 약 365일 6시간.

**광년**
빛이 1년에 나아가는 거리.
약 9조 5,000억km.

**궤도**
천체가 운행하는 경로.

**대기**
행성, 위성, 항성 등의 표면을 덮고 있는 기체의 층.

**모듈**
우주정거장 등의 구성요소. 그것 자체로 단독으로도 기능하며, 교환도 가능하다.

**무게**
물질에 작용하는 중력의 크기. 중력이 다른 장소에서는 변화한다.

**발사장**
로켓 등을 발사하는 시설. 미국의 케네디 우주센터, 일본 다네가 우주센터, 우리나라 나로우주센터 등.

**블랙홀**
중력이 너무 커서 물질도 빛도 달아날 수 없는 천체.

**빅뱅**
우주의 시작이 된 대폭발. 약 138억 년 전에 일어난 것으로 예측되고 있다.

**암흑물질**
우주에 존재하며, 질량은 갖지만 눈에 보이지 않고 관측할 수 없는 물질.

**암흑 에너지**dark energy
우주의 팽창을 가속하고 있는 미지의 에너지.

**왜소행성**
항성 주위를 돌고 있는 천체 가운데, 그 궤도 가까이에 다른 천체가 있는 것. 명왕성, 에리스Eris 등이 있다.

**우리은하**
태양계가 속해 있는 은하.

**우주**
모든 천체를 포함하는 드넓은 공간. 지구의 상공, 약 100km 이상의 공간을 우주공간이라고 하기도 한다.

**우주방사선**
'우주선線'이라고도 한다. 우주공간에 난무하는 고에너지 방사선.

**우주선**
우주공간을 비행하는 인공적인 비행물체. 특히, 인간을 태우기 위한 기능을 갖춘 것을 가리키는 경우가 많다.

**우주정거장**
지구 궤도 상 등의 우주공간에 있으며, 인간이 생활할 수 있도록 설계된 시설. 다양한 실험과 연구, 관측 등에 사용된다.

**유인 우주비행**
인간이 우주선을 타고 우주를 비행하는 것. 1961년에 소비에트연방의 우주선 '보스토크 1호'로 유리 가가린이 지구를 한 바퀴 돈 것이 인류 최초.

**위성**
행성 주위를 도는 천체. 지구의 위성은 달 하나지만, 많은 위성을 가진 행성도 있다.

**은하**
약 1천 억 개의 항성과 성간물질의 집합.

**인공위성**
지구에서 로켓으로 발사되어 지구 등 주위를 도는 인공물. 1957년에 소련이 쏘아올린 '스푸트니크 1호'가 세계 최초.

**자기장**
자기력이 작용하는 공간.

**자전**
천체가 축을 중심으로 하여 회전하는 것.

**자전주기**
천체가 축을 중심으로 1회전하는 데 걸리는 시간. 지구의 경우 약 23시간 56분.

**중력**
질량을 가진 두 개의 물체가 서로 끌어당기는 힘. 인력.

**질량**
물질 자체의 양. 무게와 달리 중력이 다른 장소에서도 변하지 않는다.

**착륙기**(랜더)
천체의 표면에 착륙할 수 있는 기계. '착륙선'이라고도 한다.

**천문단위**(AU)
태양과 지구의 평균 거리, 약 1억 4,960만km를 1AU로 하며, 태양계 내의 거리를 나타내는 단위.

**천체**
우주에 있는 물체. 태양, 달, 지구 등 이외에 성운이나 성단 등도 포함한다.

**탐사선**
지구 이외의 천체나 우주공간을 조사하는 기계. 인간이 탑승하는 것을 '유인 탐사선', 기계만 있는 것을 '무인 탐사선'으로 구별하기도 한다.

**탐사차**(로버)
지구 이외의 천체의 표면을 이동하며 조사하는 차. 대부분은 무인이며, 자동 또는 원격조작으로 작동한다. 미국의 '아폴로 프로그램'에서 사용된 달 표면 탐사차는 인간이 조종.

**태양계**
태양을 중심으로 한 천체의 덩어리. 지구를 포함해 8개의 행성을 가진다.

**항성**
핵융합에 의해 스스로 빛나는 천체. 태양은 항성이다.

**행성**
항성 주위를 돌고 있는 규모가 큰 천체. 지구는 태양 주위를 도는 행성 가운데 하나다.

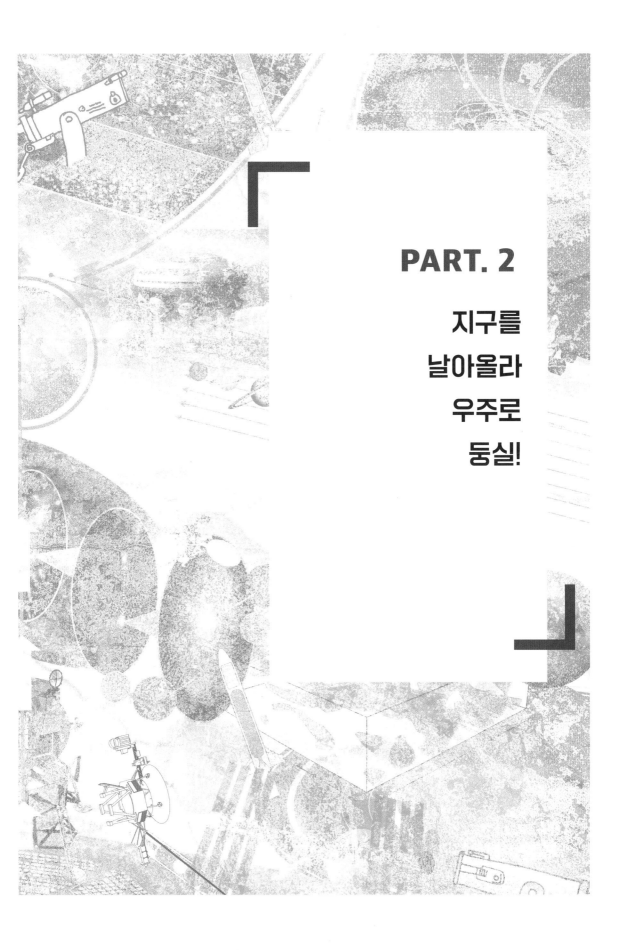

# PART. 2

## 지구를
## 날아올라
## 우주로
## 둥실!

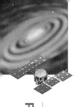

# 대기가 거의 없어지는 상공 100km부터 우주다

하늘 저편에 펼쳐지는 드넓은 우주

라이트 형제가 비행기로 지상 몇 10m를 날아오른 것은 약 120년 전의 일이다. 그로부터 58년 후에 인류는 로켓으로 가가린이라는 이름의 청년을 우주공간까지 날려보냈다.

우주비행에 이르기까지 인류는 대기의 압력과 지구의 중력에서 자유로워지는 방법을 찾았다. 그결과, 상공 약 100km 부근부터 지구를 감싼 대기가 사라지고 물체를 지구로 끌어당기는 인력도 감소하는 것을 알게 되었다. 그래서 국제항공연맹은 이 100km부터 우주가 시작된다고 하여, '카르만선Karman Line'이라고 불리는 가상의 선을 설정하고 있다. 단, 미연방항공국은 80km 이상을 우주라고 주장하고 있다.

어찌되었든, 우리는 80~100km를 올라가면 지구의 대기라는 생명의 보호막을 깨고 우주방사선이 쏟아지는 가혹한 우주공간으로 나가게 된다.

맑은 가을날 밤하늘을 올려다보면, 국제우주정거장(ISS)의 작은 오렌지색 빛이 가로질러 가는 것을 볼 수 있다. ISS가 비행하는 곳은 지상 400km 전후. 통신위성이나 기상위성은 더욱 높은 곳, 지상 3만 6,000km 궤도를 공전하고 있다.

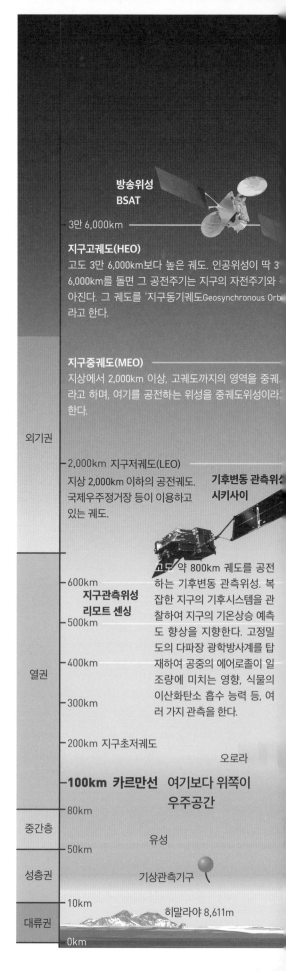

방송위성
BSAT

3만 6,000km

지구고궤도(HEO)
고도 3만 6,000km보다 높은 궤도. 인공위성이 딱 3만 6,000km를 돌면 그 공전주기는 지구의 자전주기와 아진다. 그 궤도를 '지구동기궤도Geosynchronous Orb라고 한다.

지구중궤도(MEO)
지상에서 2,000km 이상, 고궤도까지의 영역을 중궤라고 하며, 여기를 공전하는 위성을 중궤도위성이라한다.

외기권

2,000km 지구저궤도(LEO)
지상 2,000km 이하의 공전궤도.
국제우주정거장 등이 이용하고
있는 궤도.

기후변동 관측위성
시키사이

600km
지구관측위성
리모트 센싱

500km

고도 약 800km 궤도를 공전하는 기후변동 관측위성. 복잡한 지구의 기후시스템을 관찰하여 지구의 기온상승 예측도 향상을 지향한다. 고정밀도의 다파장 광학방사계를 탑재하여 공중의 에어로졸이 일조량에 미치는 영향, 식물의 이산화탄소 흡수 능력 등, 여러 가지 관측을 한다.

열권

400km

300km

200km 지구초저궤도

오로라

100km 카르만선　여기보다 위쪽이
우주공간

80km

중간층

유성

50km

성층권

기상관측기구

10km

히말라야 8,611m

대류권

0km

JAXA의 '미치비키'는 지상에서 보면 일본 상공을 8자를 그리듯이 날고 있다. 이것은 '미치비키'가 지구 주위를 타원형을 그리면서 공전하고 있기 때문이다. 지구에서 가장 가까운 고도는 3만 2,000km, 먼 고도는 4만km.

달까지는
**34만km**

**항법위성시스템 미치비키**

**기상관측위성 히마와리**

여기서부터 거리의
**10배**
지점에 달이 있다

**GPS위성**

**통신위성 고다마**

적도상의 고도 3만 6,000km을 공전하는 궤도를 '정지궤도'라고 한다. 이 궤도를 도는 위성은 '정지위성'이라고 하며, 지상에서는 하늘에 정지한 한 점으로 보인다.

통신위성이나 기상관측위성 등의 '정지위성'은 언제나 지상의 같은 지역을 커버한다. 그러므로 단일한 인공위성으로 특정 지역과의 안정된 통신이 가능하며, 또한 같은 지역의 기상 등의 상시 관측이 가능해진다.

**위성 배치(컨스틸레이션)**

다른 궤도에 비해 발사 에너지가 적고 운용 비용도 저렴하므로 급속히 이용이 확대되고 있다. 다수의 소형 통신위성을 한 줄로 네트워크하는 위성 컨스틸레이션에 의한 인터넷 전송 사업 등이 활발해지고 있다.

소형 위성

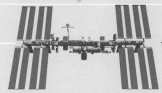

**허블 우주망원경은 이 궤도 540km**

**국제우주정거장은 400km 궤도**

저궤도에는 대기가 약간 존재하며, 인공위성은 그 저항을 받으므로 고도를 유지하기 힘들다.

**초저고도 지구관측위성 쓰바메**

**여기서부터 우주다!!**

100km를 넘자!

새로운 민간 우주벤처기업은 이 100km의 우주라인을 더욱 저렴하고 쉽게 돌파하기 위해 경쟁하고 있다.

제트여객기의 순항 코스

자세한 것은 다음 페이지에서

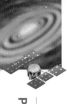

# 우주 체험의 첫걸음은
# 100km 상공까지 가는 것

## 우주공간을 몇 분 동안 체험

2021년 7월, 우주여행이 SF 소설에서 현실이 되는 첫걸음으로 기록될 사건이 일어났다.

7월 12일, 영국의 버진 갤럭틱 사가 독자적으로 개발한 우주선 '스페이스십2'가 그 회사의 창업자인 리처드 브랜슨 이외에 5명을 태우고 상공 85km 우주공간을 날아올랐다가 무사 귀환했다.

그로부터 8일 뒤인 7월 20일에는 미국의 블루 오리진 사가 개발한 '뉴 셰퍼드' 역시 창업자 제프 베이조스를 100km의 우주공간으로 데려갔다.

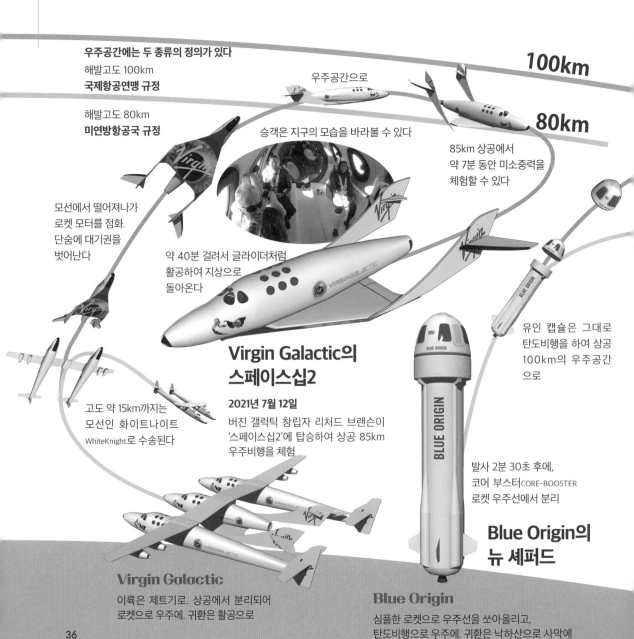

**우주공간에는 두 종류의 정의가 있다**
해발고도 100km
**국제항공연맹 규정**

해발고도 80km
**미연방항공국 규정**

우주공간으로

**100km**

**80km**

승객은 지구의 모습을 바라볼 수 있다

85km 상공에서 약 7분 동안 미소중력을 체험할 수 있다

모선에서 떨어져나가 로켓 모터를 점화. 단숨에 대기권을 벗어난다

약 40분 걸려서 글라이더처럼 활공하여 지상으로 돌아온다

유인 캡슐은 그대로 탄도비행을 하여 상공 100km의 우주공간으로

### Virgin Galactic의
### 스페이스십2

**2021년 7월 12일**
버진 갤럭틱 창립자 리처드 브랜슨이 '스페이스십2'에 탑승하여 상공 85km 우주비행을 체험

고도 약 15km까지는 모선인 화이트나이트 WhiteKnight로 수송된다

발사 2분 30초 후에, 코어 부스터 CORE-BOOSTER 로켓 우주선에서 분리

### Blue Origin의
### 뉴 셰퍼드

BLUE ORIGIN

**Virgin Galactic**
이륙은 제트기로. 상공에서 분리되어 로켓으로 우주에. 귀환은 활공으로

**Blue Origin**
심플한 로켓으로 우주선을 쏘아올리고, 탄도비행으로 우주에. 귀환은 낙하산으로 사막에

두 사람은 세계 최초의 민간 우주여행을 실현하기 위해 오랫동안 경쟁해온 라이벌이었다. 베이조스가, 브랜슨이 올라간 상공 85km는 정식 우주공간이 아니며 100km를 넘어간 자신이야말로 정식 인정받은 최초 민간 우주비행사라고, 경쟁심을 드러낸 이유도 여기에 있다.

그러나 두 사람이 목표로 하는 우주여행은 '준궤도비행sub-orbital flight'이라고 불리며, 본격적인 우주공간으로의 비행이 아니다. 아래 그림에 제시했듯이, 우주공간에 몇 분 동안 머물고 그대로 지구의 인력에 의해 낙하하는 것이다. 그럼에도 두 사람의 노력은 보통 사람들이 우주의 입구를 살짝 엿보고 오는 우주여행의 문을 열어젖혔다.

지구의 인력에 저항하여 지구 궤도를 계속 도는 우주여행을 하려면 훨씬 강력한 로켓에 의해 초속 7.9km라는 엄청난 속도로 하늘로 쏘아올려져야 한다. 다음 페이지에서는 그 로켓에 대해 알아보자.

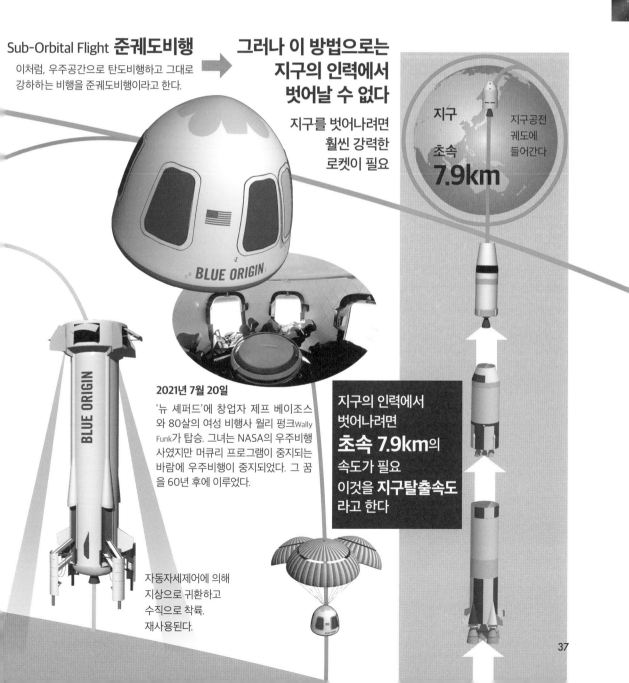

## Sub-Orbital Flight 준궤도비행

이처럼, 우주공간으로 탄도비행하고 그대로 강하하는 비행을 준궤도비행이라고 한다.

## 그러나 이 방법으로는 지구의 인력에서 벗어날 수 없다

지구를 벗어나려면 훨씬 강력한 로켓이 필요

지구
초속
**7.9km**

지구공전
궤도에
들어간다

**2021년 7월 20일**
'뉴 셰퍼드'에 창업자 제프 베이조스와 80살의 여성 비행사 월리 펑크Wally Funk가 탑승. 그녀는 NASA의 우주비행사였지만 머큐리 프로그램이 중지되는 바람에 우주비행이 중지되었다. 그 꿈을 60년 후에 이루었다.

지구의 인력에서
벗어나려면
**초속 7.9km**의
속도가 필요
이것을 **지구탈출속도**
라고 한다

자동자세제어에 의해
지상으로 귀환하고
수직으로 착륙.
재사용된다.

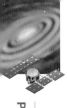

# 무거운 로켓은 어떻게 하늘을 날아서 지구 중력에서 벗어날까

## 로켓의 추진력과 중량

고무풍선을 힘껏 분 다음 손을 놓으면 풍선은 힘차게 날아오른다. 분출된 공기의 반동으로 반대 방향으로 추진력이 생기기 때문이다. 로켓이 날아가는 원리도 이것과 같다. 다만 로켓은 풍선과 달리 무거우므로 연료를 태워서 폭발시킴으로써 강한 추진력을 얻는다.

지구 중력권을 벗어나서 상승할 정도로 강한 추진력을 얻으려면 그것에 비례하는 양의 연료가 필요하다. 그러면 이번에는 연료의 무게만큼 로켓의 속도가 느려진다. 그러므로 로켓 개발에서는 추진력과 중량이 최적의 균형을 유지하는 규모와 형태가 언제나 추구되어왔다.

34~35쪽에서 그림으로 제시했듯이, 지구를 공전하는 궤도는 여러 개가 있으며, 어떤 궤도를 지향하느냐에 따라 로켓의 종류도 다르다. 상공 500km의 저궤도에 몇 kg짜리 소형위성을 발사하는 데에는 고체연료를 실은 전체 길이 20m 정도의 소형 로켓이 활약한다. 한편, 일본 JAXA가 개발한 차기 주력로켓 H3는 3만 6,000km의 정지궤도에 6톤 이상의 탑재물을 발사하는 능력을 갖고 있으며 전체 길이 63m나 되는 거대한 로켓이다.

로켓은 발사하는 장소도 잘 선택해야 한다. 지구의 자전 속도를 이용하여 발사 속도를 높이려면 되도록 적도에 가깝고 정동쪽을 향해 발사할 수 있는 장소가 바람직하다. 발사된 로켓에서 인공위성이 방출되어 위성의 원심력과 지구의 인력이 균형을 이루는 포인트에 도달하면, 거기가 지구를 공전하는 궤도이다.

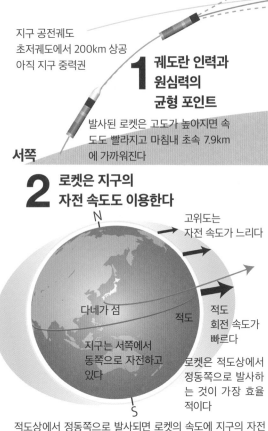

**1 궤도란 인력과 원심력의 균형 포인트**

지구 공전궤도 초저궤도에서 200km 상공 아직 지구 중력권

발사된 로켓은 고도가 높아지면 속도도 빨라지고 마침내 초속 7.9km에 가까워진다

서쪽

**2 로켓은 지구의 자전 속도도 이용한다**

고위도는 자전 속도가 느리다

다네가 섬

적도

지구는 서쪽에서 동쪽으로 자전하고 있다

적도 회전 속도가 빠르다

로켓은 적도상에서 정동쪽으로 발사하는 것이 가장 효율적이다

적도상에서 정동쪽으로 발사되면 로켓의 속도에 지구의 자전 속도가 더해져서 유리. 일본 다네가 섬에 발사장이 있는 것은, 일본에서 조금이라도 적도에 다가갈 수 있기 때문이다.

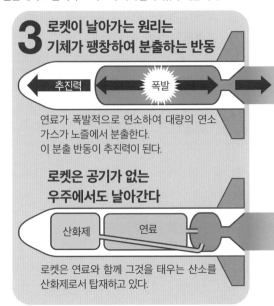

**3 로켓이 날아가는 원리는 기체가 팽창하여 분출하는 반동**

추진력 ← 폭발 →

연료가 폭발적으로 연소하여 대량의 연소 가스가 노즐에서 분출한다. 이 분출 반동이 추진력이 된다.

**로켓은 공기가 없는 우주에서도 날아간다**

산화제 | 연료

로켓은 연료와 함께 그것을 태우는 산소를 산화제로서 탑재하고 있다.

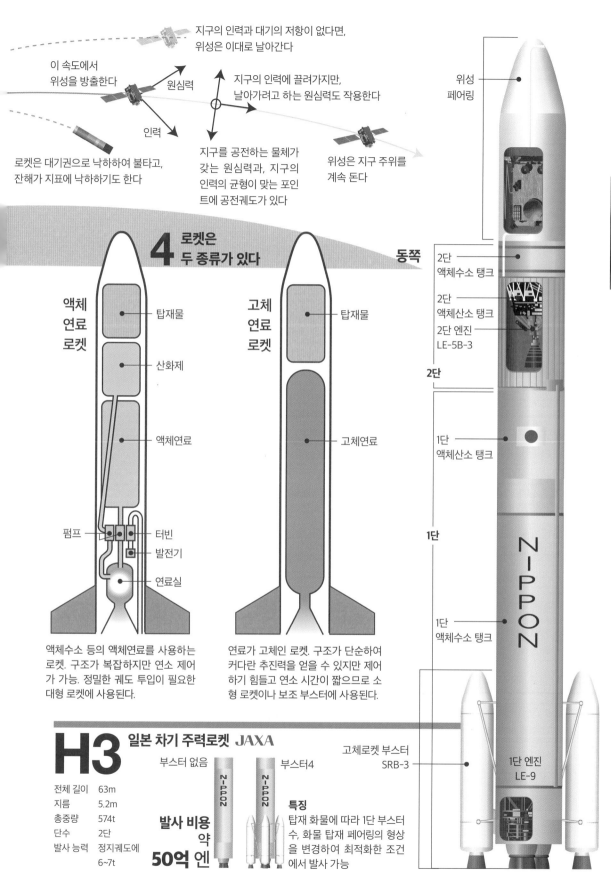

이 속도에서 위성을 방출한다

원심력

인력

지구의 인력과 대기의 저항이 없다면, 위성은 이대로 날아간다

지구의 인력에 끌려가지만, 날아가려고 하는 원심력도 작용한다

로켓은 대기권으로 낙하하여 불타고, 잔해가 지표에 낙하하기도 한다

지구를 공전하는 물체가 갖는 원심력과, 지구의 인력의 균형이 맞는 포인트에 공전궤도가 있다

위성은 지구 주위를 계속 돈다

**4** 로켓은 두 종류가 있다

동쪽

### 액체 연료 로켓

탑재물

산화제

액체연료

펌프

터빈

발전기

연료실

액체수소 등의 액체연료를 사용하는 로켓. 구조가 복잡하지만 연소 제어가 가능. 정밀한 궤도 투입이 필요한 대형 로켓에 사용된다.

### 고체 연료 로켓

탑재물

고체연료

연료가 고체인 로켓. 구조가 단순하여 커다란 추진력을 얻을 수 있지만 제어하기 힘들고 연소 시간이 짧으므로 소형 로켓이나 보조 부스터에 사용된다.

위성 페어링

2단 액체수소 탱크

2단 액체산소 탱크

2단 엔진 LE-5B-3

**2단**

1단 액체산소 탱크

**1단**

NIPPON

1단 액체수소 탱크

# H3  일본 차기 주력로켓 JAXA

고체로켓 부스터 SRB-3

1단 엔진 LE-9

| | |
|---|---|
| 전체 길이 | 63m |
| 지름 | 5.2m |
| 총중량 | 574t |
| 단수 | 2단 |
| 발사 능력 | 정지궤도에 6~7t |

부스터 없음

부스터4

**발사 비용 약 50억 엔**

**특징**
탑재 화물에 따라 1단 부스터 수, 화물 탑재 페어링의 형상을 변경하여 최적화한 조건에서 발사 가능

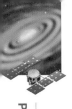

# 재사용 가능한 민간 로켓으로 우주 수송 비용을 줄인다

로켓도 1회용에서 재사용으로

　미국의 우주 로켓 판도에 지금 커다란 변혁이 일어나고 있다. 지금까지 한 번 발사하면 버려지던 로켓 본체를 다시 이용하여 발사 비용을 기존의 3분의 1 정도로 절감한 재사용 로켓이 등장한 것이다.

　재사용 로켓 등장의 계기는 NASA가 우주개발 사업에 전략적으로 민간 기업의 참여를 촉구한 것이다. 지금까지는 NASA가 거액의 정부예산을 투입하고 이것을 협력관계에 있는 기존 우주 관련 기업에 배정하여 우주사업을 운영해왔다. 그러나 미국 정부는 2005년 이후, 재정난을 이유로 민간 우주기업을 적극적으로 육성하고 그 기업의 자금과 경영 노력을 우주개발에 활용하는 것으로 방침을 전환했던 것이다.

　그 결과 탄생한 것이 스페이스X로 대표되는 민간 우주기업이었다. 스페이스X는 NASA의 지원을 받아 '팰컨9'이라는 1단 로켓 재사용형 로켓을 개발하여 국제우주정거장(ISS)으로 물자를 수송하는 비용을 기존 대비 약 3분의 1로까지 절감했다. 예전 스페이스 셔틀 시대에는 1kg의 화물을 ISS로 수송하는 비용은 3억 원 이상이었다. 그것을 스페이스X에서는 약 1억 원으로까지 줄인 것이다.

　오른쪽 그림에 나타냈듯이, 주요국의 대표적인 1회용 로켓은 한 번 발사하는 데 1,000억 원 전후의 비용이 발생해서 각국의 재정을 압박하고 있다. 우주 로켓도 재사용 시대를 맞이하고 있는 것이다.

## 현재 실용화되어 있는 재사용 가능 로켓

### 로켓 주요국에서 지금까지 많이 사용된 1회용 로켓 발사 비용

**미국**
**아틀라스V**
| | |
|---|---|
| 전체 길이(최대) | 65.5m |
| 중량(최대) | 587t |
| 발사 능력 | |
| 저궤도(최대) | 18.8t |
| 정지궤도(최대) | 8.9t |

**발사 비용 약 1,200억 원**

**러시아**
**소유즈**
| | |
|---|---|
| 전체 길이(최대) | 46.3m |
| 중량(최대) | 312t |
| 발사 능력 | |
| 저궤도(최대) | 8.2t |
| 정지궤도(최대) | 3.3t |

**발사 비용 약 800억 원**

**유럽**
**아리안V**
| | |
|---|---|
| 전체 길이(최대) | 53m |
| 중량(최대) | 780t |
| 발사 능력 | |
| 저궤도(최대) | 20t |
| 정지궤도(최대) | 10t |

**발사 비용 약 1,000억 원**

**일본**
**H-IIA**
| | |
|---|---|
| 전체 길이(최대) | 53m |
| 중량(최대) | 443t |
| 발사 능력 | |
| 저궤도(최대) | 10t |
| 정지궤도(최대) | 5.95t |

**발사 비용 약 1,000억 원**

## Blue Origin

### 뉴 셰퍼드 NS-3
### 블루 오리진 제품

Blue Origin

| | |
|---|---|
| 전체 길이 | 18m |
| 지름 | 3.7m |

우주관광용으로 개발된 로켓 시스템. 탄도비행으로 우주선을 100km 우주공간으로 보낸다. 로켓은 자동제어로 지표로 귀환하며, 우주선은 낙하산으로 지표에 낙하한다.

## SPACE-X

### 팰컨9FT 스페이스X 제품

| | |
|---|---|
| 전체 길이 | 71m |
| 지름 | 3.66m |
| 단수 | 2단 로켓 |

대형 화물, 유인 우주선 발사를 위해 제작되었다. 팰컨9 시리즈는 2010년부터 실용화. 1단 로켓은 발사 후 자동제어에 의해 지상에 회수되어 재사용된다.

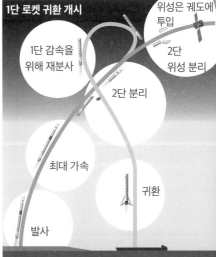

**1단 로켓 귀환 개시**

위성은 궤도에 투입

2단 위성 분리

1단 감속을 위해 재분사

2단 분리

최대 가속

귀환

발사

팰컨9 발사 비용 약 **300억** 원

SPACE-X

### 일본 JAXA도 재사용 로켓을 개발해왔다.

JAXA는 재사용 가능 로켓의 콘셉트로, 대단히 이른 단계부터 연구를 진행해왔다. 2003년에는 비행 실험에 성공. 100회 사용 가능한 엔진도 개발했다.

**재사용 로켓 실험기**
RVT-9은 50m 상승 후 자동제어로 착륙에 성공했다.

제공 JAXA

### 팰컨9은 재사용하여 발사비의 가격파괴를 일으켰다

스페이스X는 로켓을 재사용하여 우주로의 물자 수송 비용을 크게 절감하는 것이 목표다. 회사의 시험 계산에 따르면 10회 재사용하면 1회 발사 비용을 300억 원 정도로 절감할 수 있다고 한다.

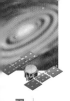

# 지구를 공전하는 최대의 우주기지 ISS에 민간 우주선이 도착

### 15개국이 운용하는 우주기지

전 세계 우주개발·연구의 거점은 1998년에 건설이 시작되어 2011년에 완성된 국제우주정거장(ISS)이다. 미국, 러시아, 일본, 캐나다, 유럽 11개국 등이 공동으로 운용하며 우주비행사가 상시 체류하면서 미소중력이라는 우주환경을 이용한 다양한 연구와 실험도 수행하고 있다.

그러나 이 ISS를 유지하기 위해 NASA는 연간 약 5조 원이나 되는 비용을 들이고 있다. 그중에서도 부담이 큰 것이 인원과 물자 수송이다. 예를 들어 일본이 들이는 2015년 ISS 연간 총예산 4,000억 원 가운데 2,800억 원이 ISS로의 물자 수송비이며, 그 대부분이 로켓 발사 비용이다.

ISS로의 물자 수송비 절감은 앞으로의 ISS 운영에 필수였다. 이 과제를 해결한 것은 미국의 민간 기업 스페이스X이다. NASA는 스페이스X와 계약을 맺고, 그 수송 서비스를 이용하여 비용을 대폭 절감했다. 스페이스X는 발사에는 팰컨9, ISS까지 우주비행사를 수송하는 데는 독자적으로 개발한 우주선인 크루 드래곤Crew Dragon을 사용했다. 둘 다 10번 정도 재사용을 상정하여 개발되었다.

2020년 11월 16일, 일본의 노구치 소이치野口聡 우주비행사를 포함한 4명을 ISS에 보냈으며, 2021년 4월 23일에는 역시 일본의 호시데 아키히코星出彰彦 우주비행사 이외에 3명을 보내는 동시에 노구치 일행의 귀환에도 성공했다.*

---

* 우리나라 이소연 박사도 2008년 4월 우주비행사로 ISS에 11일간 체류한 바가 있으나, 이때는 민간 우주산업이 발달하기 이전이다. - 감수자

# 1998년부터 건설 시작 23년 동안 가동하고 있는 국제우주정거장 ISS

### International Space Station

지상 약 400km 상공의 지구 공전궤도상에 있는 총 질량 420t의 거대한 우주정거장. 미국, 러시아, 일본, 캐나다, 유럽우주기구가 공동으로 운용. 승무원 7명 체류 가능. 2030년까지는 계속 운용하며, 러시아는 2025년 이후 탈퇴를 표명하고 있다.

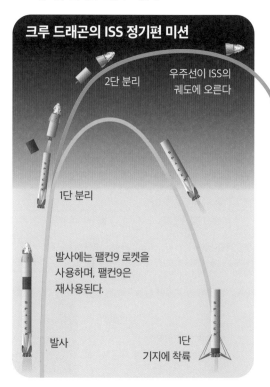

**크루 드래곤의 ISS 정기편 미션**

2단 분리

우주선이 ISS의 궤도에 오른다

1단 분리

발사에는 팰컨9 로켓을 사용하며, 팰컨9은 재사용된다.

발사

1단 기지에 착륙

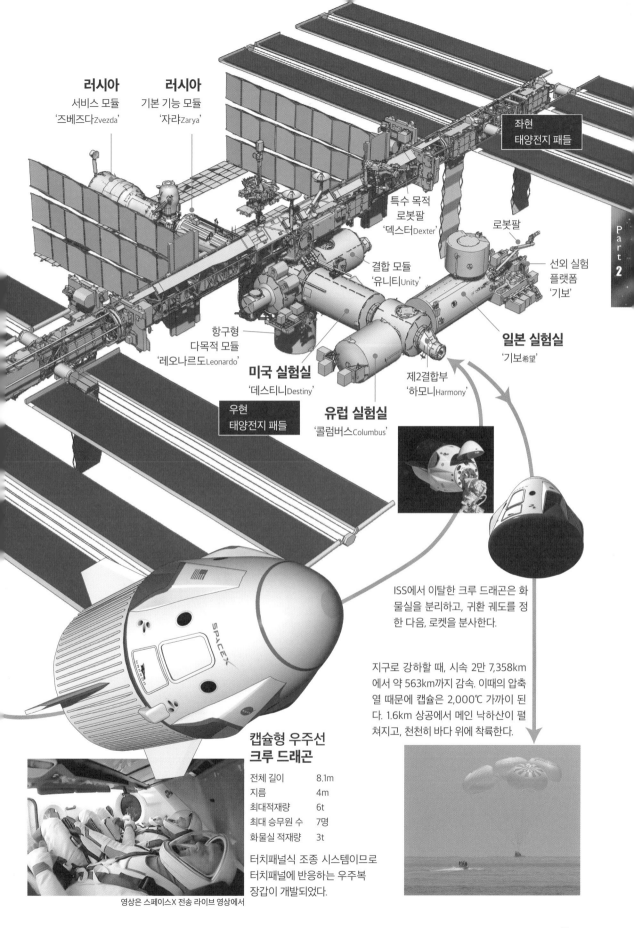

**러시아**
서비스 모듈
'즈베즈다Zvezda'

**러시아**
기본 기능 모듈
'자랴Zarya'

좌현
태양전지 패들

특수 목적
로봇팔
'덱스터Dexter'

로봇팔

선외 실험
플랫폼
'기보'

결합 모듈
'유니티Unity'

**일본 실험실**
'기보希望'

항구형
다목적 모듈
'레오나르도Leonardo'

**미국 실험실**
'데스티니Destiny'

제2결합부
'하모니Harmony'

우현
태양전지 패들

**유럽 실험실**
'콜럼버스Columbus'

ISS에서 이탈한 크루 드래곤은 화
물실을 분리하고, 귀환 궤도를 정
한 다음, 로켓을 분사한다.

지구로 강하할 때, 시속 2만 7,358km
에서 약 563km까지 감속. 이때의 압축
열 때문에 캡슐은 2,000℃ 가까이 된
다. 1.6km 상공에서 메인 낙하산이 펼
쳐지고, 천천히 바다 위에 착륙한다.

**캡슐형 우주선
크루 드래곤**

| | |
|---|---|
| 전체 길이 | 8.1m |
| 지름 | 4m |
| 최대적재량 | 6t |
| 최대 승무원 수 | 7명 |
| 화물실 적재량 | 3t |

터치패널식 조종 시스템이므로
터치패널에 반응하는 우주복
장갑이 개발되었다.

영상은 스페이스X 전송 라이브 영상에서

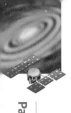

# 노후화되어가는 ISS,
# 민간 정거장으로 거듭나다

**민간 기업의 참여로 대체 시설을**

20년 이상 사용되어 점차 노후화되고 있는 국제우주정거장(ISS)은 2030년대에 수명을 다하고 폐기될 것으로 보고 있다. 공동 운용하는 15개국은 운용 기간을 2024년까지로 하는 데 합의하고 있는데, 그 후에는 어떻게 될까?*

미국의 트럼프 정부에서 NASA 국장을 지낸 짐 브리던스타인Jim Bridenstine은 예전부터 민간 기업의 활용을 제안해왔다. ISS의 수명이 끝나기 전에 민간 기업에게 대체 정거장을 건설하게 하고, 그것

---

\*  2022년 2월 NASA는 ISS 운용 기간을 2030년으로 늘린다고 발표하였다. - 감수자

## 2021

일본은 현재 운용하는 실험실 '기보'를 좀 더 효율적으로 운영할 방법을 검토한다.

## 2025

ISS의 민영화에 발맞추어 일본 기업 등이 우주산업의 기점으로서 운용에 참가를 표명하고 있다.

**esa**

ESA는 2030년까지 ISS의 운용에 참가할 것을 표명했다

**AXIOM SPACE**

민간 항공우주기업 악시옴 스페이스가 ISS 운영에 참여했다.

### 미국의 기본 방침

### ISS를 민간 기업이 운용한다

**중국은 이미 독자적으로 우주정거장 건설에 착수**

2021년 4월에 중심모듈 '텐허天和'가 발사되었고 6월에는 정거장 건설을 위해 우주비행사 3명을 보냈다.

중국이 건설을 추진하고 있는 우주정거장. 이전에는 '톈궁'이라고 불렀다.

을 지원하려는 것이다. 그 배경에는 ISS에 쏟아붓고 있는 막대한 예산을 인류를 달과 화성에 보내려는 '아르테미스 프로그램'에 돌리고 싶다는 생각도 있었다.

미국이 2031년부터 ISS를 폐기하는 것을 전제로 민간 기업의 활용으로 갈아타자, 각국도 여기에 반응했다. 우선 러시아가 2025년 또는 2028년까지 ISS에서 이탈하여 독자적인 우주정거장을 건설하겠다고 표명했다. 유럽 각국은 2030년까지 ISS에 참여하겠다고 표명한 상태다.

이와 같은 다른 나라의 혼란을 무시하고 지구저궤도상에 우주정거장 건설을 착착 진행시키고 있는 나라가 중국이다.** 중국은 2024년 완성을 목표로 하며, 완성 후에는 그 연구시설을 널리 국제사회에 개방할 것을 표명하고 있다. 만약 ISS가 제대로 계승되지 않고 노후화한 시설이 태평양에 떨어지는 사태가 벌어지면 중국이 세계에서 유일하게 우주정거장을 소유한 국가가 될지도 모른다.

---

** 중국 우주정거장은 "톈궁 우주정거장"이라 불리며, 현재 일부 완성되어 우주공간에서 가동되고 있다. - 감수자

## 2030

### 신규 모듈을 건설한다

현재의 ISS에 독자적인 디자인 설계의, 민간 모듈을 증설하는 계획

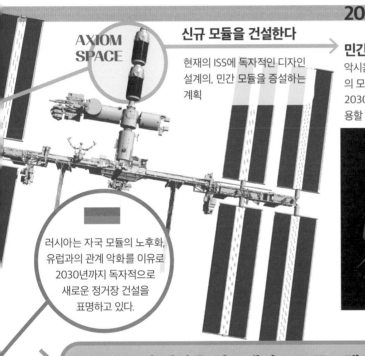

AXIOM SPACE

러시아는 자국 모듈의 노후화, 유럽과의 관계 악화를 이유로 2030년까지 독자적으로 새로운 정거장 건설을 표명하고 있다.

### 민간 정거장 '액스테이션AxStation'

악시옴 스페이스 사는 기존 ISS를 토대로 순차적으로 자사의 모듈을 건설하여 현재 ISS가 맡고 있는 기능을 대체하고 2030년을 기점으로 ISS에서 떨어져 나와 독자적으로 운용할 계획이다. 현재의 ISS는 그 시점에 폐기될 예정이다.

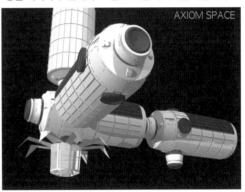

AXIOM SPACE

### ISS 유지 예산을 아르테미스 프로그램에 사용한다

### 달 궤도 정거장 건설

중국의 정거장은 '톈허' 이외에, 실험실인 '원톈問天' '멍톈夢天'과, 허블 우주망원경에 버금가는 우주망원경 '쉰톈巡天'으로 구성되며, 최대 6명이 상시 체류 가능하며 15년 동안 운용할 계획이다.

달로

45

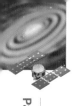

# 미소중력은 인체에
# 얼마나 큰 영향을 미칠까

중력 없는 세계에 도전한다

지상 400km를 비행하는 국제정거장(ISS)에서는 중력이 지상의 100만분의 1밖에 되지 않는다. 중력이 거의 없는 상태를 '무중력'이라고 하는데, 요즘은 보다 정확하게 '미소중력'이라는 단어를 쓴다.

우주비행사들이 ISS에서 오랫동안 연구해온 것 중 하나가 미소중력이 인체에 미치는 영향이다. 우

### 인공중력의
### 거대한 회전 호텔이
### 계획되고 있다

원심력

회전

유사중력

미국
오비탈 어셈블리(Orbital Assembly,
OAC) 사가 거대 우주호텔 건설을
미국 정부에 제안하고 있다.

NASA의 파일럿, 엔지니어, 건축
가가 팀을 이룬 게이트웨이 파운
데이션이 설립한 OAC 사는 과학
실험을 돕고 관광객을 위한 체류
장소로서 지름 200m의 수레바
퀴 모양 거대한 원형 우주호텔을
제안하고 있다.

리 몸은 지구 중력에 적응하도록 만들어져 있다. 그 중력이 사라지면 몸을 지탱하는 뼈와 근육이 감소하며 심장 기능이 저하하여 심각한 문제를 낳는다는 것을 알게 되었다.

그러므로 ISS에 체류하는 우주비행사는 약 6개월마다 교대한다. 그 이상 길어지면 유해한 우주방사선 피폭량이 증가하고 신체 기능의 저하도 심각해지기 때문이다.

1950년대부터 우주공간에서의 미소중력의 영향을 우려하여 인공중력을 만드는 우주정거장의 필요성을 제기한 사람이 NASA의 우주사업을 주도한 폰 브라운Wernher von Braun 박사였다. 브라운 박사는 아폴로 프로그램에 깊숙이 관여하고 우주비행사를 달에 보낸 새턴 로켓을 만든 인물이기도 하다. 박사의 아이디어는 수레바퀴 모양의 정거장을 회전시켜서 인공중력을 만들고, 쾌적한 생활환경을 얻으려는 것이었다. 현재 이 아이디어를 실현하기 위한 시도가 시작되고 있다.

## ISS에서 연구를 통해 미소중력이 인체에 미치는 영향의 크기가 검증되고 있다.

### 1 인체의 골량이 감소한다

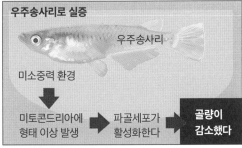

우주송사리로 실증

우주송사리

미소중력 환경 ➡ 미토콘드리아에 형태 이상 발생 ➡ 파골세포가 활성화한다 ➡ **골량이 감소했다**

송사리 유전자를 재조합하여 뼈모세포와 파골세포를 형광 단백으로 가시화. 이 송사리를 ISS에서 2개월 사육한 결과, 이 사실을 알았다.

이 내용은 『우주 식민지 – 우주에서 사는 방법』(무카이 지아키向井千秋 지음·감수, 고단샤 펴냄)을 참조했다.

### 회전하는 우주정거장은 1950년대에 폰 브라운 박사가 제안했다

인공중력 정거장이라면 이렇게 쾌적한 생활이 가능하다

**베르너 폰 브라운** (1912-1977)

독일 태생. 제2차 세계대전 중에 세계 최초로 탄도 미사일 V-2를 개발. 1945년에 미국으로 망명. 미국의 우주개발·로켓개발을 주도했다. 그동안에도 브라운은 우주여행의 꿈을 이야기하며, 인공중력을 발생시키는 거대한 회전 정거장의 필요성을 일깨우기 위해 노력했다.

### 2 심장 기능이 저하하여 심장 질환을 유발한다

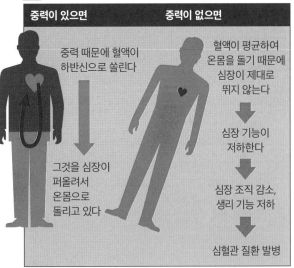

| 중력이 있으면 | 중력이 없으면 |
| --- | --- |
| 중력 때문에 혈액이 하반신으로 쏠린다 | 혈액이 평균하여 온몸을 돌기 때문에 심장이 제대로 뛰지 않는다 |
| 그것을 심장이 퍼올려서 온몸으로 돌리고 있다 | 심장 기능이 저하한다 |
| | 심장 조직 감소, 생리 기능 저하 |
| | 심혈관 질환 발병 |

### 3 근육량이 감소한다

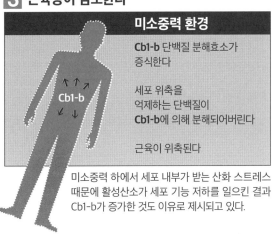

**미소중력 환경**

**Cb1-b** 단백질 분해효소가 증식한다

세포 위축을 억제하는 단백질이 **Cb1-b**에 의해 분해되어버린다

근육이 위축된다

미소중력 하에서 세포 내부가 받는 산화 스트레스 때문에 활성산소가 세포 기능 저하를 일으킨 결과 Cb1-b가 증가한 것도 이유로 제시되고 있다.

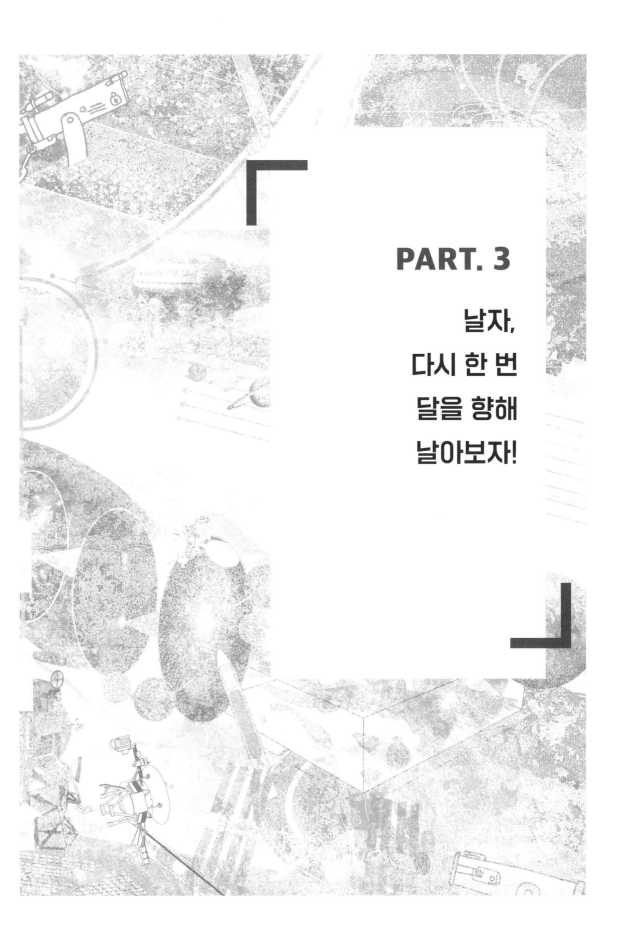

# PART. 3

## 날자,
## 다시 한 번
## 달을 향해
## 날아보자!

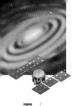

# 지금으로부터 반세기 이상 이전에 12명이 달에 내려섰다

## 여섯 번의 유인 달 표면 착륙에 성공

인류가 최초로 달 표면에 착륙한 것은 지금으로부터 50년 이상이나 전인 1969년 7월 20일(미국시간)이었다. 아폴로 11호의 달 착륙선 '이글'에서 2명의 우주비행사가 달 표면에 내려서는 장면은 전 세계에 텔레비전으로 중계되었다. 이 기념할 만한 날부터 1972년 12월까지, 미국은 아폴로 13호의 사고를 포함하여* 아폴로 17호까지 여섯 번의 미션에서 총 12명의 우주비행사를 달에 보냈다.

아폴로 프로그램은 1961년에 가가린 우주비행사에 의한 사상 첫 우주비행을 성공시킨 소비에트연방에 대항한 미국의 명예회복이라는 정치적 목적에서 결행한 것이기는 했다. 그러나 어마어마한 예산이 투입되었으므로 아폴로 프로그램은 17호를 마지막으로 중지되었다.

1970년대에 우주개발 경쟁의 무대는 지구 궤도를 도는 우주정거장으로 옮겨졌다. 소비에트연방이 살류트Salyut를 발사하자 미국은 스카이랩Skylab으로 대항했다. 1980년대에는 스페이스 셔틀 시대가 찾아왔다.

소비에트연방이 무너진 후인 1998년에는 러시아도 참여한 국제우주정거장(ISS)이 가동했다. 그리고 2019년, 인류를 다시 달로 보내는 '아르테미스 프로그램'이 입안되었다. 그 프로그램이 마침내 실행되려 하고 있다.

---

* 1970년에 3명의 우주비행사를 태우고 달로 향하던 아폴로 13호는 산소탱크 폭발 사고로 달 착륙을 포기하고 지구 무사 귀환으로 미션을 변경, 승무원 전원이 무사 귀환했다. 이 사건을 소재로 영화 「아폴로 13」이 만들어졌다. - 옮긴이

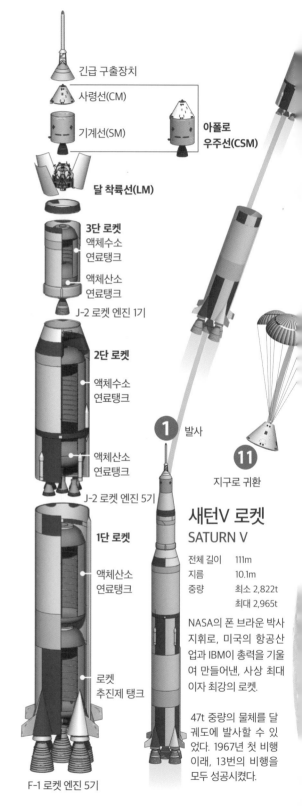

긴급 구출장치

사령선(CM)

기계선(SM)

**아폴로 우주선(CSM)**

**달 착륙선(LM)**

**3단 로켓**
액체수소 연료탱크
액체산소 연료탱크
J-2 로켓 엔진 1기

**2단 로켓**
액체수소 연료탱크
액체산소 연료탱크
J-2 로켓 엔진 5기

**1단 로켓**
액체산소 연료탱크
로켓 추진제 탱크
F-1 로켓 엔진 5기

**①** 발사

**⑪** 지구로 귀환

## 새턴V 로켓
### SATURN V

전체 길이　111m
지름　10.1m
중량　최소 2,822t
　　　최대 2,965t

NASA의 폰 브라운 박사 지휘로, 미국의 항공산업과 IBM이 총력을 기울여 만들어낸, 사상 최대이자 최강의 로켓.

47t 중량의 물체를 달 궤도에 발사할 수 있었다. 1967년 첫 비행 이래, 13번의 비행을 모두 성공시켰다.

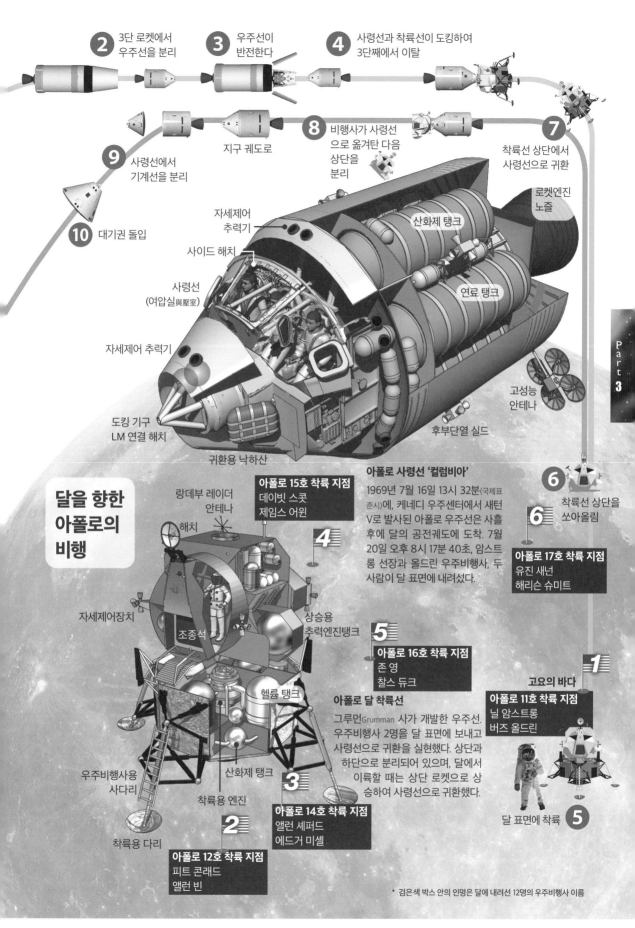

② 3단 로켓에서 우주선을 분리

③ 우주선이 반전한다

④ 사령선과 착륙선이 도킹하여 3단째에서 이탈

⑧ 비행사가 사령선으로 옮겨탄 다음 상단을 분리

지구 궤도로

⑨ 사령선에서 기계선을 분리

⑩ 대기권 돌입

⑦ 착륙선 상단에서 사령선으로 귀환

로켓엔진 노즐

산화제 탱크

연료 탱크

자세제어 추력기

사이드 해치

사령선 (여압실與壓室)

자세제어 추력기

고성능 안테나

도킹 기구 LM 연결 해치

후부단열 실드

귀환용 낙하산

**달을 향한 아폴로의 비행**

랑데부 레이더 안테나

해치

**아폴로 15호 착륙 지점**
데이빗 스콧
제임스 어윈

**4**

**아폴로 사령선 '컬럼비아'**
1969년 7월 16일 13시 32분(국제표준시)에, 케네디 우주센터에서 새턴 V로 발사된 아폴로 우주선은 사흘 후에 달의 공전궤도에 도착. 7월 20일 오후 8시 17분 40초, 암스트롱 선장과 올드린 우주비행사, 두 사람이 달 표면에 내려섰다.

⑥ 착륙선 상단을 쏘아올림

**6**

**아폴로 17호 착륙 지점**
유진 새넌
해리슨 슈미트

자세제어장치

조종석

상승용 추력엔진탱크

**5**

**아폴로 16호 착륙 지점**
존 영
찰스 듀크

**고요의 바다**

**아폴로 11호 착륙 지점**
닐 암스트롱
버즈 올드린

헬륨 탱크

**아폴로 달 착륙선**
그루먼Grumman 사가 개발한 우주선. 우주비행사 2명을 달 표면에 보내고 사령선으로 귀환을 실현했다. 상단과 하단으로 분리되어 있으며, 달에서 이륙할 때는 상단 로켓으로 상승하여 사령선으로 귀환했다.

우주비행사용 사다리

산화제 탱크

착륙용 엔진

**3**

**아폴로 14호 착륙 지점**
앨런 셰퍼드
에드거 미셸

달 표면에 착륙 **5**

착륙용 다리

**2**

**아폴로 12호 착륙 지점**
피트 콘래드
앨런 빈

\* 검은색 박스 안의 인명은 달에 내려선 12명의 우주비행사 이름

Part **3**

# 아르테미스 프로그램,
# 유인 달 탐사 2단계가 시작되었다

**달 탐사 재개를 추진한 트럼프 정부**

　'아르테미스 프로그램'은 인류가 다시 한 번 달을 탐사하는 데 그치지 않고 달 주위를 공전하는 우주정거장 '게이트웨이'를 건설하고 이를 발판 삼아 단번에 화성 유인 탐사비행까지 하자는 장대한 프로그램이다.

　이 계획을 가속시킨 것은 2017년에 탄생한 트럼프 정부였다. 그해 12월, 트럼프 대통령(당시)은 NASA에 유인 달 탐사계획을 요구하는 '우주정책지령 제1호'에 서명하고 2019년에는 NASA가 책정한 2028년까지의 유인 달 착륙을 2024년으로 앞당기라고 요구했다.

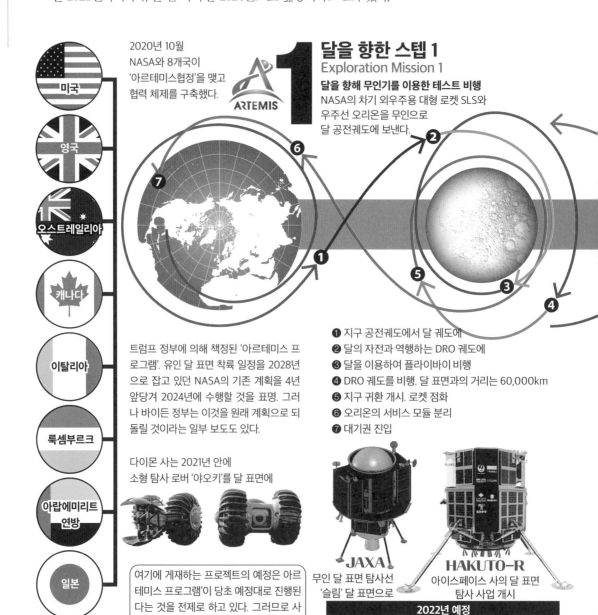

2020년 10월
NASA와 8개국이
'아르테미스협정'을 맺고
협력 체제를 구축했다.

미국
영국
오스트레일리아
캐나다
이탈리아
룩셈부르크
아랍에미리트
연방
일본

※ 2022년 7월 현재
한국 포함 20개국

## 달을 향한 스텝 1
### Exploration Mission 1
**달을 향해 무인기를 이용한 테스트 비행**
NASA의 차기 외우주용 대형 로켓 SLS와
우주선 오리온을 무인으로
달 공전궤도에 보낸다.

❶ 지구 공전궤도에서 달 궤도에
❷ 달의 자전과 역행하는 DRO 궤도에
❸ 달을 이용하여 플라이바이 비행
❹ DRO 궤도를 비행. 달 표면과의 거리는 60,000km
❺ 지구 귀환 개시. 로켓 점화
❻ 오리온의 서비스 모듈 분리
❼ 대기권 진입

트럼프 정부에 의해 책정된 '아르테미스 프로그램'. 유인 달 표면 착륙 일정을 2028년으로 잡고 있던 NASA의 기존 계획을 4년 앞당겨 2024년에 수행할 것을 표명. 그러나 바이든 정부는 이것을 원래 계획으로 되돌릴 것이라는 일부 보도도 있다.

다이몬 사는 2021년 안에
소형 탐사 로버 '야오키'를 달 표면에

여기에 게재하는 프로젝트의 예정은 아르테미스 프로그램'이 당초 예정대로 진행된다는 것을 전제로 하고 있다. 그러므로 사태의 추이에 따라서는 변경된다.

**JAXA**
무인 달 표면 탐사선
'슬림' 달 표면으로

**HAKUTO-R**
아이스페이스 사의 달 표면
탐사 사업 개시

2022년 예정

## 아르테미스 프로그램의 목적은 4가지

이리하여 시작된 '아르테미스 프로그램'에는 크게 4가지 목적이 있다. 하나는 미국 단독 계획이 아니라 8개국이 협력하는 국제 프로젝트라는 것이다.*

두 번째는 달의 공전궤도에 달뿐만 아니라 심우주를 향한 출발기지도 되는 '게이트웨이'를 건설하는 것. 일본은 모듈 건설과 유지, 물자 운반에서 중요한 역할을 맡았다.

세 번째는 여성을 포함한 우주비행사에 의한 달 표면 탐사와, 달 표면 기지 건설이다. 이 미션 과정에는 일본인 우주비행사가 달 표면에서 활동하는 것도 상정되어 있다.

그리고 네 번째 목적은 달 표면의 자원 탐사다. 여기서도 일본은 대형 유인 여압 로버를 투입할 계획을 세우고, 달 표면 물의 발견과 활용에도 크게 공헌하려 하고 있다.

* 우리나라도 2021년 5월 27일 아르테미스 협정에 가입하여 달 궤도선 발사 등을 통해 아르테미스 프로그램에 참여하고 있다. - 감수자

## 2 달을 향한 스텝 2
Exploration Mission 2
**달 궤도 플랫폼 게이트웨이**
유인 우주선으로 달 궤도를 공전
게이트웨이 건설 시작

❶ 달로 가는 4일 간의 비행
❷ 달 근처를 통과하는
   달 플라이바이를 실시
❸ 지구로 귀환하는 4일 간의 비행

GATEWAY

'게이트웨이' 건설도 시작된다.
유인 모듈과 전력 에너지 계통의
모듈이 발사된다.

일본은 거주 모듈 건설과
물자 수송을 맡는다.
ESA
JAXA

**2023년부터 건설이 시작된다**

## 3 달을 향한 스텝 3
Exploration Mission 3
**마침내 인간이 다시 달에 착륙한다**
2024년에 달 표면의 유인 탐사가 계획되고 있다. 2021년 9월 현재 이 계획의 변경은 발표되지 않았지만, 몇 년은 늦어질 것으로 예상된다.

**먼저 달에!!**

달 표면 착륙선의 민간우주선의 채용이 공모되어 스페이스X사의 '스타십'이 선정되었으나, 경합을 벌였던 몇몇 회사가 미국 정부에 이의신청을 하였으며, 아직 결론은 나오지 않았다.

달 표면 기지와
게이트웨이를 활용하여
화성으로 향한다.

**인류는 2028년부터 달 표면 기지를 건설하기 시작한다?**

**그리고 화성으로**

JAXA
2029년
탐사차를
달 표면에
보낸다.

53

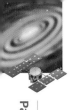

# JAXA와 젊은 우주벤처가
# 탐사선을 달에 보낸다

**민간 최초의 달 탐사가 될까**

'아르테미스 프로그램'에 일본은 JAXA, 그리고 독특한 발상의 독자적인 기술을 통해 새로운 우주 비즈니스의 세계를 개척하는 젊은 벤처기업이 참여하려 하고 있다.

아래에 소개한 JAXA의 소형 달 착륙선 '슬림SLIM', 다이몬 사의 초소형 로봇 탐사선 '야오키YAOKI', 아이스페이스 사의 달 표면 자원 탐사 계획 '하쿠토-R'은 모두 일본 과학기술이 자랑하는 고도로 정밀한 기계제어기술과 최신 IT기술의 결정체라고 말할 수 있다.

'SLIM(Smart Lander for Investigating Moon)'은 달 표면의 착륙하고 싶은 장소에 착륙하는 고정밀도의 핀포인트 착륙 기술과, 소형의 경량 탐사 시스템 실현을 목표로 하는 달 표면 탐사선이다. 달 표면의

## 2021~2022년은 일본 달 탐사의 해

### 초소형 로봇 탐사기 '야오키'는
### 2022년 발사 예정

'야오키'는 로봇·우주개발 벤처기업인 (주)다이몬이 개발한 초소형 탐사 로봇. 달 표면의 모래땅을 자유롭게 주행할 수 있는 차륜형의 특수한 형태다. 혹독한 달 표면 환경에서 한 번에 여러 대의 탐사선을 투입하여 고해상도의 효율적인 조사 서비스를 제공하는 것을 목표로 하고 있다.

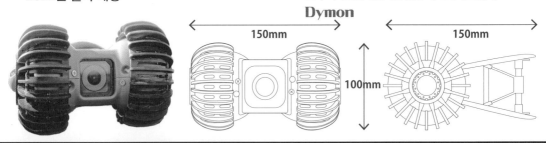

Dymon

150mm

150mm

100mm

지형을 화상으로 파악하고 착륙 지점을 정확하게 인식하여 오차를 수정하고 독자적인 착륙 기구로 장애물을 피하면서 착륙한다.

'야오키'는 불과 15cm의 차륜형 탐사 로봇이다. 한 번에 여러 대의 탐사선을 보내서 달 표면을 샅샅이 탐사하는 데 최적의 기능을 갖고 있다.

아이스페이스 사는 가까운 미래에 달 표면에서 개발사업이 활발해졌을 때 꼭 필요한, 경량의 고정밀도 화물 수송 착륙선의 실용화를 지향하고 있다. 그것을 위해 독특한 몸체 구조와 소재 개발 연구를 독자적으로 진척시켜왔다.

이들 탐사선을 개발한 두 민간 기업은 기존의 일본 우주기업처럼 정부예산에 의존하지 않고 민간에서 자금을 조달하고, 독자적인 아이디어와 기술력을 살려서 우주 비즈니스 기업으로 자립하는 것을 목표로 하고 있다. 일본에 탄생한 젊은 우주벤처에 주목한다.

## JAXA
### 고정밀도 달 표면 탐사선 '슬림' 2022년 발사 예정

'슬림'은 달 표면 핀포인트 착륙 기술 실증기. 소형에 경량이지만 달 표면의 지형을 영상 해석하여 오차 100m 이내로 정확하게 착륙하는 자동제어기구를 갖고 있다.

제공 JAXA

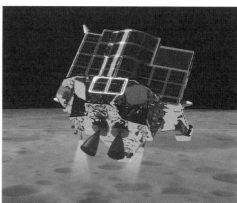

## 아이스페이스 달 표면 탐색 프로그램 '하쿠토-R' 2022년 예정*

＊ 2021년 11월 시점의 상정 © ispace

'하쿠토-R'은 우주개발 벤처기업 아이스페이스 사의 달 표면 탐사 프로그램. 달 착륙선 몸체에 탄소섬유강화 플라스틱(CFRP)을 사용하여 경량화를 꾀했으며, 설계상 약 30kg의 화물 적재가 가능. 저비용으로 달 표면에 물류 플랫폼을 제공하는 것이 목표다. 아이스페이스 사는 달 착륙선과 함께 소형 달 표면 탐사차도 개발하고 있다.

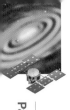

# 달과 화성으로 열린 문
# '게이트웨이'를 건설

## 지구와 달 표면의 중계기지

　달 궤도에 건설되는 '게이트웨이(입구라는 뜻)'는 글자 그대로, 미래 우주개발의 '입구'라고 할 수 있다.

　게이트웨이가 담당할 중요한 역할 가운데 하나는 2030년대에 본격화할 것으로 예상되는 달 표면 탐사를 지원하는 거점이 되는 것이다.

　초기에는 무인 달 표면 자원 탐사선을 지구에서 제어하는 통신 중계기지로 사용하며, 달 표면 기지를 완성한 후에는 지구에서 달까지의 물자 수송 중계기지로도 활약할 것이다. 또한 달 표면에서 어떤 사고가 일어날 경우, 긴급 피난처로서의 역할도 기대되고 있다.

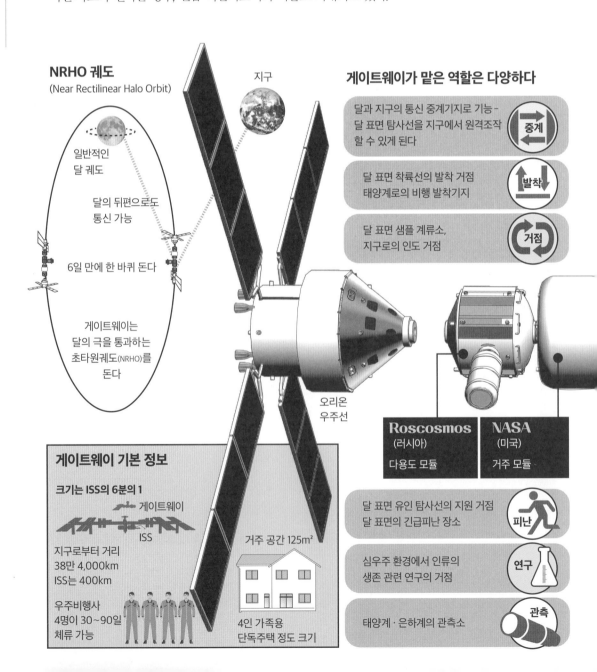

**NRHO 궤도**
(Near Rectilinear Halo Orbit)

지구

일반적인
달 궤도

달의 뒤편으로도
통신 가능

6일 만에 한 바퀴 돈다

게이트웨이는
달의 극을 통과하는
초타원궤도(NRHO)를
돈다

오리온
우주선

**게이트웨이가 맡은 역할은 다양하다**

달과 지구의 통신 중계기지로 기능 -
달 표면 탐사선을 지구에서 원격조작
할 수 있게 된다　중계

달 표면 착륙선의 발착 거점
태양계로의 비행 발착기지　발착

달 표면 샘플 계류소,
지구로의 인도 거점　거점

**Roscosmos**
(러시아)
다용도 모듈

**NASA**
(미국)
거주 모듈

달 표면 유인 탐사선의 지원 거점
달 표면의 긴급피난 장소　피난

심우주 환경에서 인류의
생존 관련 연구의 거점　연구

태양계·은하계의 관측소　관측

**게이트웨이 기본 정보**

**크기는 ISS의 6분의 1**
게이트웨이
ISS

지구로부터 거리
38만 4,000km
ISS는 400km

우주비행사
4명이 30~90일
체류 가능

거주 공간 125m²

4인 가족용
단독주택 정도 크기

## 화성까지 장거리 비행을 지원

　게이트웨이의 또 한 가지 역할은 화성 탐사의 거점이 되는 것이다. 지구에서 달까지는 약 38만km인데, 화성까지는 최단거리가 약 5,500만km이다. 로켓으로 편도 7~8개월이나 걸린다. 38~39쪽에서 보았듯이, 로켓은 상공 100km 우주공간에 도달하기까지 가장 많은 연료가 필요하다. 거기까지 가는 데 대부분의 연료를 써버린다. 화성까지 가려면 대량의 연료가 필요하며, 그 연료의 중량을 올리기 위해서는 더욱 많은 연료가 필요하다.

　만약 연료를 가득 채운 로켓이 게이트웨이에 대기하고 있다면 화성으로의 탐사 비행은 훨씬 쉬워질 것이다. 인류를 화성에 보내기 위해서도 게이트웨이 건설은 빠뜨릴 수 없는 것이다.

　일본도 게이트웨이 건설에 적극 참여하며, 국제 공동 개발의 거주 모듈 건설 협력과 생명유지 장치를 비롯한 중요한 시스템을 제공하기로 되어 있다.

# 달 궤도 플랫폼 게이트웨이

게이트웨이는 NASA가 주도하고, 아르테미스 프로그램에 참가하는 나라들이 역할을 분담하여 건설된다.
2026년 완성 예정이지만 미국 정부의 방침에 따라서는 지연될 수도 있을 것으로 예상된다.

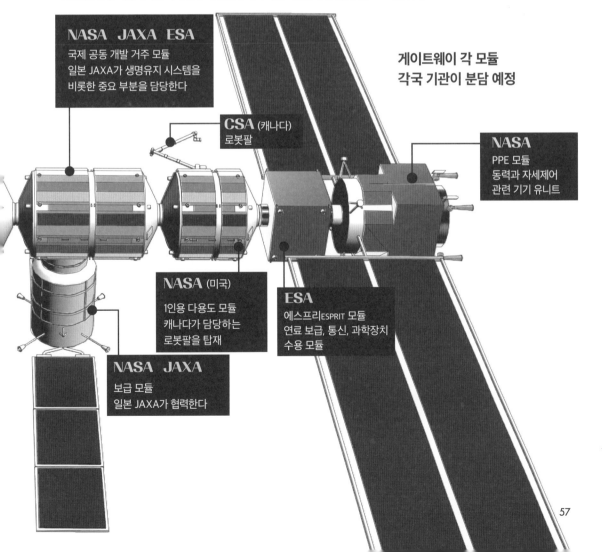

**NASA JAXA ESA**
국제 공동 개발 거주 모듈
일본 JAXA가 생명유지 시스템을
비롯한 중요 부분을 담당한다

**게이트웨이 각 모듈**
**각국 기관이 분담 예정**

**CSA** (캐나다)
로봇팔

**NASA**
PPE 모듈
동력과 자세제어
관련 기기 유니트

**NASA** (미국)
1인용 다용도 모듈
캐나다가 담당하는
로봇팔을 탑재

**ESA**
에스프리ESPRIT 모듈
연료 보급, 통신, 과학장치
수용 모듈

**NASA JAXA**
보급 모듈
일본 JAXA가 협력한다

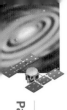

# 마침내 인류가 다시 달로
## 달 표면 기지 건설을 목표로

게이트웨이를 거쳐서 달로 간다

'아르테미스 프로그램'의 고비 가운데 하나는 유인 달 표면 탐사이다. 반세기 이전의 '아폴로 프로그램'과는 달리 이번 달 착륙의 목적은 우주비행사들이 장기간에 걸쳐서 달 표면에서 생활하기 위한 달 표면 기지를 건설하는 것이다. 이를 위해 NASA는 주도면밀한 계획을 세웠다.

앞에서 살펴보았듯이, 그 중심에 자리 잡고 있는 것이 달의 공전궤도를 도는 '게이트웨이'다. 게이트웨이까지 우주비행사를 보낼 아폴로의 3배 크기인 오리온Orion 우주선의 비행실험이 진행되고 있다. 이 대형 우주선을 우주공간까지 운반하는 로켓은 스페이스 론치 시스템(SLS)이라고 불리는, 사상 최대급의 추력을 자랑하는 거대 로켓이다.

# 드디어 달에서
# 인류가 새로운
# 활동을 시작한다
## 아르테미스EM-3

### SLS 스페이스 론치 시스템
스페이스 셔틀의 후계로서 지구의 공전궤도 바깥쪽에 가기 위해 NASA가 개발을 추진하는 로켓. 2단식이며 최대 발사 능력 130t의 최강 로켓

**2** 8분 후에 하단 분리
157km 상공

**1** 발사 후 2분 만에
부스터 분리
45km 상공

**3** 16분 후
태양광 패널 펼침
484km 상공

**4** 54분 후
1,791km 상공
상단 점화

**5** 1시간 53분 후
오리온 우주선 분리
3,849km 상공

지구의 인력권에서 벗어나려면
시속 40,320km 이상의 속도가 필요

전체 길이
98m

비상 탈출장치

오리온
우주선

크루 모듈
서비스 모듈

SLS
로켓 상단

RL-10B2 엔진

로켓 상단

로켓 하단

액체산소
탱크

액체수소
탱크

고체연료
부스터

RS-25
엔진

인간

태양광 패널

라디에이터

서비스 모듈
(SM)

전방 윈도 ─ CM-SM 결합부

도킹 어댑터

크루 모듈
(CM)

### 오리온 우주선
NASA가 개발하는, 외우주 유인 비행을 목적으로 하는 우주선. 승무원 6명이 6개 월 동안 활동할 수 있다. 크루 모듈은 미국이, 서비스 모듈은 유럽이 담당. 2014년에 첫 무인 비행에 성공했다.

## 달 착륙 후는 활동거점 만들기

　오리온 우주선으로 게이트웨이에 도착한 우주비행사들은 여기서 달 착륙선으로 옮겨탄다. 달 착륙선은 우주비행사들을 달 표면으로 실어나르고 미리 게이트웨이에 집적되어 있던 자재를 달 표면으로 수송한다. 여기서 시작되는 것이 활동거점이 되는 달 표면 기지 만들기다.

　간편한 확장형 거주 시설의 건설, 달 표면을 덮고 있는 '레골리스regolith'라고 불리는 미세한 모래를 처리하는 장치 설치 등, 달 표면에서의 작업은 엄청나다. 유인 탐사에 앞서 탐사위성에 의해 달의 남극에 있는 크레이터의 영구히 그늘진 부분*에 물자원이 있을 가능성이 발견되었으므로 물자원 탐사도 시작한다. 인간이 혹독한 달 표면 환경에서 살아가기 위해서는 많은 것이 필요하다. 다음 페이지에서는 그것에 대해 자세히 알아보자.

---

＊　달의 자전축은 지구 공전축 대비 약 1.5도밖에 기울어져 있지 않아서(지구 자전축의 경우 23.5도), 남극 구덩이 아래쪽에는 햇빛이 비치지 않는다. - 감수자

**6** 우주선 엔진 점화
달 궤도에

여기서부터
달까지 4일 동안의
비행이 시작된다

**7** 궤도 수정
NRHO 궤도에

**8** 달의 NRHO 궤도
게이트웨이는 달의
극을 통과하는 세로
궤도를 돈다

오리온 우주선은
달 착륙선이 대기하는
게이트웨이에 도착

**9** 오리온 우주선
마침내 게이트웨이와
도킹

게이트웨이

오리온
우주선

**10** 우주비행사는 게이트웨이에서
달 착륙선으로 옮겨타서 달 표
면으로. 최초의 여성 우주비행
사의 달 표면 착륙 실현

### 달 탐사와 동시에 달 표면에서 활동거점 건설이 시작된다

장기간의 활동을
마치고 게이트웨
이로 귀환. 이것을
반복하여 달기지
건설을 진행한다.

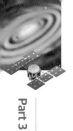

# 인간이 우주에서 살아가기 위해
# 반드시 필요한 5가지 기술

혹독한 우주공간에서 필요한 것

인간이 우주공간에서 살기 위한 기술은, 지금까지 국제우주정거장(ISS)에서 수행한 다양한 실험에서 수없이 습득되어왔다. 그러나 '아르테미스 프로그램'은 관리된 ISS 선내가 아니라 혹독한 환경인 달 표면에서의 장기 활동을 예정하고 있다. 그러기 위해 필요한 것은 다음과 같은 5가지 기술이다.

한 가지는, 인간에게 필수적인 물과 산소를 만드는 기술이다. 달 표면에는 바위에 섞여서 상당량의 물자원이 잠들어 있을 것으로 예상되며, 일설에 따르면 그 양은 100억 톤이라고 한다. 이 물자원을 발견할 수 있는지 여부에 아르테미스 프로그램의 성패가 달려 있다. 인간의 생명유지 목적 외에

## 달은 인간에게는 너무 가혹한 세계

공기와 물이 없다

심한 기온 변화
낮 최고기온 +120도
밤 최저기온 -180도
평균기온 -20도

중력이 지구의 6분의 1
저중력이 건강에 미치는
영향이 크다

강렬한 방사선이
쏟아진다
지구의 약 100배

미소운석이 쏟아져내린다

하루 길이가 708시간 54분

생물이 없다 = 식량이 없다

심리적인 폐쇄감이
마음에 미치는 영향

**1** 달에서 물과 산소를 만든다
방법은
달에 숨겨진 물자원 발굴

**2** 인간이 안전하게
살 수 있는 주거를
만든다
방법은 지하 주거와 레
골리스 벽돌로 지은 집

**3** 자급자족하여
식량을 만든다
방법은 완전 폐쇄환경
에서 식물을 생산하는
공장

**4** 에너지를
자급자족한다
방법은 태양광 발전,
전기분해 플랜트, 그
리고 소형 원자로 발
전도 활용

**5** 완전한
폐쇄생태계에서
생존한다
방법은 환경제어·생명유지
시스템을 만든다

도 물에서 수소를 뽑아내서 로켓연료나 연료전지에 사용하는 것도 검토되고 있다. 한편, 유럽우주기구(ESA)는 달의 모래인 레골리스에서 산소를 뽑아내는 실험을 수행하고 있다.

다음으로, 강력한 우주방사선으로부터 몸을 지키는 피난처 타입의 지하시설을 건설하는 기술도 필요하다. 지구에서처럼 중력을 이용한 중장비를 사용할 수 없으므로 레골리스를 구워서 굳힌 벽돌을 누름돌로 쓰는 등, 달 표면에서 가능한 독특한 건설 방법이 필요할 것이다. 지구에서 원격조작하는 건설용 로봇 개발도 진행되고 있다.

미래에는 식량도 달에서 자급자족하게 되는 것이 이상적이다. 폐쇄공간에서 가동하는 식물공장의 기술 개발은 이미 세계 각국에서 많은 성과를 거두고 있다.

또한 에너지 자급, 완전 순환형 폐쇄생태계 시스템 등은 국제우주정거장(ISS)에서 습득한 기술을 응용하는 일이 될 것이다.

달에는 100억 톤의 물이 있다!?

**달 표면의 모래=레골리스에서 산소를 추출한다**
ESA는 용융염 전해법으로 산소 추출을 연구

**달의 지하에는 엄청난 물자원이 있다?**
NASA 탐사선이 지하의 물자원 존재를 시사

**달의 남극 영구적으로 그늘진 크레이터 지하에 얼음이 있다?**
ESA가 얼음 채굴용 태양광 착암기를 개발하고 있다.

채굴한 물에서 외우주 항행용 연료를 만든다
액체수소 $H_2$
액체산소 $O_2$
$H_2O$
일본 JAXA는 2030년대에, 달 표면에서 가동하는 연료제조 공장을 세울 계획이다.

처음에는 지구에서 가져온 유니트를 레골리스로 덮는다 → 레골리스를 굳힌 벽돌로 시설을 건설한다 → 대규모 시설은 용암 튜브의 지하동굴을 이용하여 건설된다

방사선

↓

마이크로파로 1,000℃ 가깝게 레골리스를 구워서 벽돌로 만든다

**인간의 오줌이 기지 건설에 이용된다!!**
레골리스+요산尿酸+3D 프린터=건조물
요산이 레골리스의 고화固化를 늦추어 3D 프린터로 건설하는 것이 가능해진다.

**원격조작하는 건설 로봇**
기지 건설에는 원격조작하는 자율형 건설 로봇이 일을 한다. 일본 JAXA와 가지마鹿島건설 등은 지구에서 조작 가능한 토목건축 시스템을 개발하고 있다.

1980년대부터 계속해서 완전 폐쇄생태계 안에서 식량이 되는 식물 재배실험을 하여 확실한 성과를 올리고 있다

세계 각국에서 우주식물공장 실험이 진행되고 있다.

**세포배양공장에서 단백질 제조도 가능**
세포를 배양하여 동물성 단백질을 제조하는 기술이, 일본 벤처기업의 연구로 비약적으로 고도화. 우주에서 플랜트 가동도 가능해졌다.

**순환형 재생 에너지 시스템**
태양광선과 물을 주원료로, 전기 축전과 산소 제조, 수소 제조 플랜트로 구성되는 시스템. JAXA와 혼다가 계획.

태양광

전기

산소

$O_2$

전기
수소 $H_2$

고압전해 시스템 ↔ 연료전지 시스템

NASA는 태양광이 부족한 경우 소형 핵반응 리액터로 발전하는 시스템을 개발하고 있다. 원자로는 두루마리 화장지 2개를 합친 정도의 크기라고 한다.

공기순환
$O_2$ 제조
$CO_2$ 환원
호흡
발한
온도·습도 제어

음료수
화장실
대변 소변
폐기물 처리

물순환
물 재생장치

**환경제어·생명유지 시스템 (ECLSS)**
완전히 폐쇄된 우주공간에서, 자율적으로 생명을 유지할 수 있는 환경을 제공하는 시스템을 만드는 데 일본은 공헌해왔다.

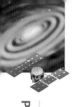

# 팀일본은 2029년에
# 유인 달 탐사 로버를 발사한다

**일본 수소차 기술로 달 탐사**

'아르테미스 프로그램'이 우주비행사의 달 표면 활동이라는 커다란 이정표를 세운 뒤부터, 이 프로그램에 대한 일본의 참여도 본격화된다. 그것은 2019년에 JAXA가 표명한, 팀일본의 달 자원 유인 탐사 사업계획의 실시다.

이 계획은 2대의 유인 달 표면 탐사 로버를 구사하여 2029년부터 2034년까지 총 다섯 차례, 전체 거리 1만km에 이르는 대규모 달 자원 탐사를 수행하는 것. 이 자원 탐사에 이용되는 탐사 로버를 일본의 자동차기업인 도요타가 개발하는 것도 주목할 만한 일이다.

혹독한 달 환경을 견디면서 구동하기 힘든 레골리스 사막을 안전하게 달리고, 또한 우주비행사가 장기간 쾌적하게 살 수 있도록 여압與壓된 공간을 제공한다. 이런 난제에 대하여, JAXA와 도요타 팀은 '루나 크루저LUNAR CRUISER'라는 해답을 제시했다.

루나 크루저에는 도요타자동차의 수소연료전지 기술이 결집해 있다. 한 번의 수소·산소 충전으로 1,000km 주행을 실현하고, 전기 생성의 부산물로 생기는 물은 우주비행사의 음료수로 이용한다.

현재, 상정된 탐사 대상은 달의 뒷면 남극점에서 에이트켄Aitken 분지에 이르는 광대한 영역이며, 물자원 탐사를 주목적으로 하는 폭넓은 자원 탐사가 상정되어 있다. 루나 크루저의 탐사로 상당량의 물이 발견된다면 인류의 달 개발은 다음 단계로 진행될 수 있을 것이다.

## 2대의 '루나 크루저'가
## 달의 남극을 달리면서 물자원을 찾는다

7.45m² 정도 넓이의 여압실에서 쾌적하게 지낼 수 있다

엔진은 차세대 연료전지로 구동. 리튬고체전지보다 경량, 소형, 고성능을 실현한다

GPS를 사용할 수 없는 달에서 지형인식으로 자동운전을 실현한다.

일본의 타이어 제조사인 브리지스톤은 달의 혹독한 환경을 견디는, 금속으로 만든 탄력 있는 타이어를 개발했다.

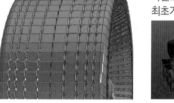

아폴로 프로그램 이래 최초가 되는 유인 탐사차

### '루나 크루저'는 1만km를 주파한다

달 표면 탐사는 5번, 지구시간으로 42일 동안의 미션을 수행한다.

한 번의 미션 주행 거리는 1,000km나 된다. 그러나 달의 하루는 지구의 28일. 그러므로 달 시간으로는 1박 2일의 출장이 된다.

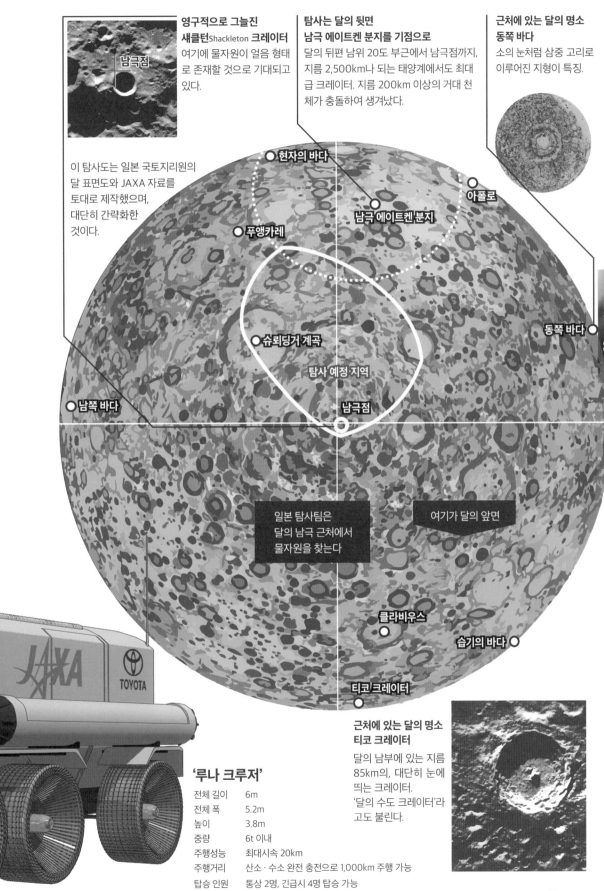

**영구적으로 그늘진 새클턴Shackleton 크레이터**
여기에 물자원이 얼음 형태로 존재할 것으로 기대되고 있다.

남극점

**탐사는 달의 뒷면**
**남극 에이트켄 분지를 기점으로**
달의 뒤편 남위 20도 부근에서 남극점까지, 지름 2,500km나 되는 태양계에서도 최대급 크레이터. 지름 200km 이상의 거대 천체가 충돌하여 생겨났다.

**근처에 있는 달의 명소**
**동쪽 바다**
소의 눈처럼 삼중 고리로 이루어진 지형이 특징.

이 탐사도는 일본 국토지리원의 달 표면도와 JAXA 자료를 토대로 제작했으며, 대단히 간략화한 것이다.

현자의 바다

푸앵카레

남극 에이트켄 분지

아폴로

동쪽 바다

슈뢰딩거 계곡

탐사 예정 지역

남쪽 바다

남극점

일본 탐사팀은 달의 남극 근처에서 물자원을 찾는다

여기가 달의 앞면

클라비우스

습기의 바다

티코 크레이터

**근처에 있는 달의 명소**
**티코 크레이터**
달의 남부에 있는 지름 85km의, 대단히 눈에 띄는 크레이터. '달의 수도 크레이터'라고도 불린다.

JAXA  TOYOTA

**'루나 크루저'**

| | |
|---|---|
| 전체 길이 | 6m |
| 전체 폭 | 5.2m |
| 높이 | 3.8m |
| 중량 | 6t 이내 |
| 주행성능 | 최대시속 20km |
| 주행거리 | 산소 · 수소 완전 충전으로 1,000km 주행 가능 |
| 탑승 인원 | 통상 2명, 긴급시 4명 탑승 가능 |

Part
3

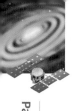

# 달 표면 기지는 2100년 무렵에는 1만 명이 일하는 도시로 발전한다

인류가 달에 사는 시대가 온다

인류가 다시금 달 표면에 내려서고, 거기에 탐사기지를 구축하게 되면 70년 뒤인 2100년 무렵, 달 표면의 거점은 하나의 도시로 발전하고, 1만 명의 사람들이 일하는 곳이 될 것이라는, 달 표면 도시의 미래가 그려지고 있다.

달 개척 초기에는 자원 탐사의 시대가 계속된다. 예측한 대로 달 표면에서 물자원이 발견된다면 달 개척이 본격화한다. 먼저, 발견된 물자원에서 산소와 수소를 제조하는 공장을 건설하여 지구와 게이트웨이와 달 표면을 연결하여 비행하는 카고 로켓의 연료를 만들게 될 것이다.

## 달 표면 도시는 지구에 대해 어떤 역할을 할까

**1** 지구의 에너지 · 지하자원 공급기지

●거대 태양광 발전소
날씨에 상관없이 24시간 발전할 수 있는 달 표면 발전소. 여기서 전기를 마이크로파로 변환하여 지구에 송전한다

달 표면에서 발전하여 지구에 송전한다

**마이크로파 또는 레이저**

●헬륨3의 핵융합 발전
태양풍에 의해 달 표면의 레골리스에 집적되어 있는 헬륨3를 사용한 핵융합 발전도 유망시된다.

●토륨 발전의 실현과 지구로의 송전
달 표면에 널리 분포하는 토륨을 이용하여 발전한다. 폐기물을 배출하지 않는 친환경 발전 방식으로서 연구가 진행 중이다.

Th

● 산소와 희소금속의 공급기지
레골리스에서 산소와 희소 지하자원을 뽑아낸다
달 표면을 덮고 있는 레골리스에는 질량의 40%에 이르는 산소가 포함되어 있다. 이것을 가열하여 뽑아내는 방법을 ESA가 연구하고 있다.

레골리스

용융염
전해법으로
950℃까지 가열

→ 산소

산소를 추출한 부산물에는 여러 가지 희소금속과 합금이 포함되어 있다.

## 지금까지 상상하는 달 표면 도시의 2대 패턴

**1** 중력이 약하므로 위로 올라가는 도시

**2** 위험한 방사선을 피하는 지하도시

현재는 지하도시가 구상되고 있다.

달에서 연료를 자급할 수 있게 되면 지구에서 물자를 운반하는 비용도 줄어든다. 여기에서 시작되는 것이 달 표면에서의 대규모 플랜트 건설이다. 먼저, 지구에 비해 1.3배인 태양광 에너지를 전기로 바꾸는 거대한 태양광 발전소가 건설되고, 마이크로파 또는 레이저에 의해 지구로 전기가 보내진다.

달 표면에서의 발전은 이것만이 아니며, 달의 모래인 레골리스에 함유되어 있는 헬륨3나 토륨thorium 을 이용한 핵융합 발전소도 건설될 것이다. 달은 지구의 에너지 공급기지로서 중요한 역할을 담당하게 될 것이다.

달 표면 도시가 담당하는 또 하나의 역할은, 인류가 태양계로 비행하기 위한 출발기지가 되는 것이다. 대기가 없고 중력도 지구의 6분의 1밖에 되지 않는 달 표면에서 출발한다면 연료가 압도적으로 적게 든 다. 달 표면 도시는 2050년대부터 본격화하는 화성 개척의 베이스캠프로 기능할 것이다.

대량 수송에 의해 로켓 발사 비용이 저렴해지면 달은 인류에게 인기있는 관광 명소가 될지도 모른다.

Part 3

## 2 우주선의 연료공급기지
로켓의 최대 화물은 연료. 지구에서 외우주로 비행하려 한다면 달에서 연료를 보급하는 것이 가장 합리적이다.

## 3 태양계의 행성으로, 그리고 은하로 비행하는 출발기지
중력이 약해서 공기저항이 없는 달에서는 지구에 비해 압도적으로 적은 에너지로 비행이 가능하다.

액체산소　액체수소

산소　수소

H2O

물은 우주에서의 '기름'

## 4 우주자원의 집적과 가공센터
다양한 행성·소행성에서 채집한 자원을 달에 집적하고 정제 등의 가공을 거쳐 지구로 보낸다.

# Trip to Moon

## 5 지구인에게 인기 높은 새로운 관광 명소
1950년대에 그려진 달나라 여행을 출발하는 로켓. 이것이 실현되는 날이 온다.

# PART. 4

태양계
아홉
가족을
소개합니다

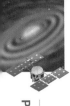

# 붉은 행성, 화성으로!
## 무인탐사 반세기의 자취

### 무인탐사선이 화성에 잇따라 착륙

어떤 시대든 인류에게 화성은 특별한 별이었다. 지구의 옆을 공전하는 이 붉은 행성은 맨눈으로도 볼 수 있어서 우주를 향한 우리의 동경과 상상력을 자극해왔다. 그래서 외계인이란 화성인과 거의 동의어였던 시대가 오랫동안 계속되었다.

그러나 그 별이 사실은 불모의 땅이며, 화성인은커녕 어떤 생명체도 존재할 것 같지 않다는 것을

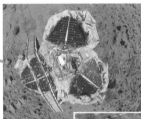

ESA

인류가 최초로 화성 궤도에 투입하여 화성의 모습을 촬영한 기념비적인 탐사선.

최초로 촬영된 화성의 분화구.

사상 최초로 화성 지표에서 운용된 소형 로버 '소저너Sojourner'를 탑재한 화성 탐사선.

ESA 최초의 화성 탐사선. 투하 캡슐은 착륙에 실패했지만, 모선은 현재도 화성 궤도에서 탐사를 계속하고 있다.

화성 공전궤도에서 정밀한 탐사를 수행하는 다목적 탐사선.

화성의 모래폭풍Dust Devil

| 1964년 메리너 4호 | 1975년 바이킹 1·2호 | 1996년 마스 패스파인더 | 2001년 마스 오디세이 | 2003년 마스 익스프레스 | 2003년 오퍼튜니티, 스피릿 | 2005년 화성정찰위성 MRO | 2011년 큐리오시티 | 2018년 인사이트 |

최초로 화성에 착륙한 탐사선. 크리세Chryse 평원에 착륙했다.

촬영된 화성 표면 파노라마 사진.

화성 지하를 탐색하여 고위도의 지하에서 대량의 얼음을 발견.

자력주행 가능한 탐사 로버. 14년 동안 화성의 지질을 조사했다.

물의 흔적을 나타내는 암석.

화성에서의 생명활동 가능성과, 그 흔적을 찾는 탐사 로버. 지표에서 유기물을 발견했다.

화성의 지질학적 진화를 연구하기 위해 지진계·열전도 프로브를 장착한 탐사 랜더. 화성의 지진을 감지.

### 화성으로 가는 약 200일의 비행 루트

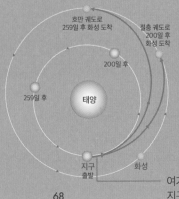

호만 궤도로 259일 후 화성 도착

절충 궤도로 200일 후 화성 도착

200일 후

259일 후

태양

지구 출발

화성

여기서 로켓을 분사하여 지구 궤도에서 화성 궤도로 갈아탄다.

호만 궤도Hohmann orbit란 행성의 공전 에너지를 이용한 관성비행을 통해 최소 연료로 다른 행성으로 가는 타원 비행궤도다. 지구에서 화성으로 가는 경로가 짧은 시기는 약 25.5개월에 한 번씩 찾아온다. 이 경로는 연료가 많이 소모된다. 탐사 시간을 줄이는 짧은 궤도와 최소 연료의 호만 궤도를 절충한 것이 200일 비행경로다.

주 : 이 그림은 간략화하여 원 궤도로 그렸다.

### 지구와 화성을 비교하면

지름 6,779km
(지구의 약 절반)

| | | |
|---|---|---|
| 질량 | 지구의 10분의 1 | 대기는 지구의 10분의 1 |
| 표면중력 | 지구의 약 38% | 지구에서의 거리는 |
| 하루의 길이 | 지구의 24시간 40분 | 가까운 지점에서는 5,500만km |
| 1년의 길이 | 지구의 23.5개월 | 먼 지점에서는 4억km |
| 계절 | 겨울은 혹독한 추위 | |
| | 여름은 한랭 | |

인류가 알게 된 것은 50년 이상이나 전에 화성 탐사선 '매리너 4호'가 촬영한 한 장의 사진으로부터였다. 이래, 인류는 2021년까지 성공·실패를 합쳐 약 40기의 무인 탐사선을 화성에 보냈다. 그중 주요한 것을 아래 일러스트로 정리했다.

1976년에 NASA의 '바이킹 1호'가 최초로 화성에 착륙한 이후 '오퍼튜니티', '큐리오시티Curiosity', '인사이트InSight'와 자력주행 탐사 로버가 화성의 다양한 지점에서 예전에 물이 흘렀던 흔적이나 유기물을 발견하는 등, 획기적인 탐사활동을 계속해왔다.

그리고 지금, 마침내 화성으로 유인 탐사 우주선이 날아오를 때가 찾아오려 하고 있다. 예전에 사람들이 화성에 대해 펼쳤던 상상력이 다시 한 번 꽃을 피우려 하고 있다.

**UAE의 화성 탐사선 '아말(호프)'**
아랍에미리트연방(UAE)의 첫 번째 화성 탐사선 '아말'은 주로 화성의 대기를 탐사하여 예전에 있었던 화성의 대기가 사라진 수수께끼를 찾는다.

**중국의 화성 탐사선 '톈원 1호'**
CNSA
중국 최초의 화성 탐사선. 지상 탐사 로버는 화성의 지형, 지질, 기후에 관련된 다양하고 폭넓은 조사를 수행하고 있다.

2021년

2021년에는 3개국의 탐사선이 화성에 도달했다

북극
아스크라에우스 산 Ascraeus Mons
템페 대륙 Tempe Mensa
타르시스 산맥 Tharsis Montes
카세이 계곡 Kasei Valles
샤로노프 Sharonov
아키달리아 평원 Acidalia Planitia
루나 고원 Lunae Planum
크리세 평원 **바이킹 1호 착륙 지점**
파보니스산 Pavonis Mons
티토니아 포사 Tithonia Fossae
녹티스 미로 Noctis Labyrinthus
잰시 Xanthe Terra
멜라스 카스마 Melas Chasma
카프리 카스마 Capri Chasma
아르시아산 Arsia Mons
매리너 계곡 Valles Marineris
시리아 고원 Syria Planum
시리아 언덕 Syria Colles
시나이 고원 Sinai Planum
클라리타스 포사 Claritas Fossae
솔리스 고원 Solis Planum
보스포로스 고원 Bosporos Planum
에오스 카스마 Eos Chasma
아르기레 평원 Argyre Planitia

**미국 '퍼서비어런스'와 '인제뉴어티'**
'퍼서비어런스'
헬리콥터 '인제뉴어티'

**미국의 마스 2020 프로젝트**
탐사선 '퍼서비어런스'와 화성 헬리콥터 '인제뉴어티'로 구성되어, 예전에 화성에서 생명활동이 가능했는지를 조사하고 있다

사진에 출처가 기재되어 있지 않은 것은 모두 NASA 공개자료임.

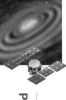

# 화성 유인 비행의 유력 후보,
# 민간 로켓 '스타십'

## 200일 동안에 지구에서 화성으로

　그 로켓은 마치 거대한 은빛 오징어 같았다. 상공에서 강하한 로켓은 서서히 자세를 직립시키고 엔진을 역분사하여 그대로 지상에 천천히 착륙했다. 마치 CG로 만들어진 SF 영화의 한 장면 같았다. 이 로켓은 미국의 스페이스X 사가 화성을 목표로 개발한 '스타십'. 착륙 실험이 성공하는 순간을 그 회사의 동영상 송신으로 목격한 전 세계 사람들은 SF의 세계에 휘말려드는 듯한 엄청난 충격을 받았다.

　'스타십'은 스페이스X 사의 창업자 일론 머스크가 2010년대부터 개발을 주도해온 초대형 2단식 로

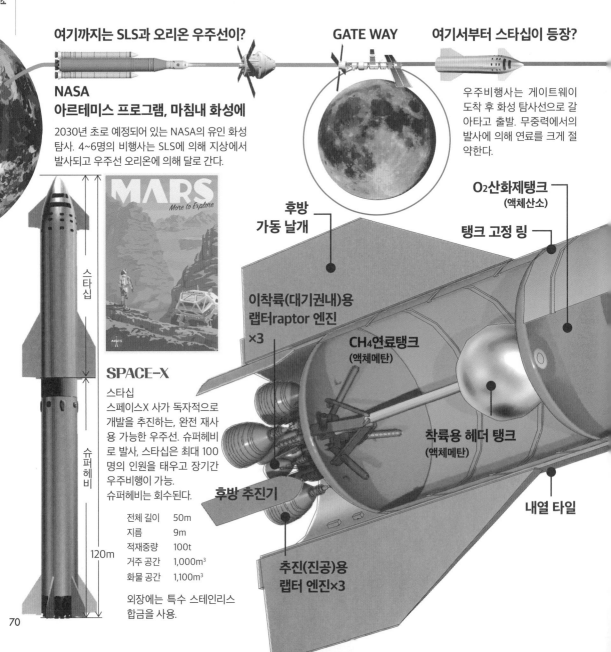

**여기까지는 SLS과 오리온 우주선이?**

**GATE WAY**

**여기서부터 스타십이 등장?**

**NASA**
**아르테미스 프로그램, 마침내 화성에**

2030년 초로 예정되어 있는 NASA의 유인 화성 탐사. 4~6명의 비행사는 SLS에 의해 지상에서 발사되고 우주선 오리온에 의해 달로 간다.

우주비행사는 게이트웨이 도착 후 화성 탐사선으로 갈아타고 출발. 무중력에서의 발사에 의해 연료를 크게 절약한다.

MARS
More to Explore

스타십

**SPACE-X**

스타십
스페이스X 사가 독자적으로 개발을 추진하는, 완전 재사용 가능한 우주선. 슈퍼헤비로 발사, 스타십은 최대 100명의 인원을 태우고 장기간 우주비행이 가능.
슈퍼헤비는 회수된다.

| | |
|---|---|
| 전체 길이 | 50m |
| 지름 | 9m |
| 적재중량 | 100t |
| 거주 공간 | 1,000m³ |
| 화물 공간 | 1,100m³ |

외장에는 특수 스테인리스 합금을 사용.

슈퍼헤비

120m

**후방 가동 날개**

**O₂산화제탱크**
(액체산소)

**탱크 고정 링**

**이착륙(대기권내)용 랩터raptor 엔진 ×3**

**CH₄연료탱크**
(액체메탄)

**착륙용 헤더 탱크**
(액체메탄)

**내열 타일**

**후방 추진기**

**추진(진공)용 랩터 엔진×3**

켓이다. 1단의 부스터 '슈퍼헤비'와 2단의 우주선 '스타십'으로 구성되어 있으며, 전체 길이는 로켓으로서는 세계 최대 길이인 120m. 회사에 따르면 우주선 부분은 최대 100명의 승무원, 또는 100톤의 화물을 싣고 지구에서 최단 거리로도 5,500만km 떨어진 화성까지 약 200일이면 비행하는 능력을 갖고 있다고 한다.

NASA는 화성 유인 탐사를 '아르테미스 프로그램' 최대 목표로 내세우고 2030년대 초반에 수행할 것을 표명하고 있다. 이때 사용되는 우주선은 아직 정식으로 정해져 있지 않지만 '스타십'이 유력하다. 아래 그림은 이 프로그램에 '스타십'이 사용되는 경우를 상정하여 발사에서 화성 착륙까지를 묘사한 것이다. '스타십'은 민간 우주여행에도 사용될 예정이며, 스페이스X 사는 2023년에 일본인 기업인들을 태우고 달 공전궤도 여행을 실현할 것이라고 표명하고 있다.

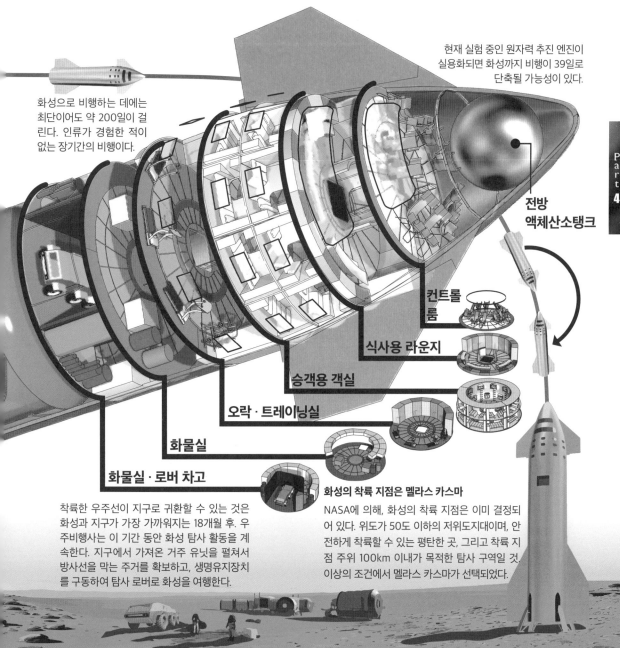

현재 실험 중인 원자력 추진 엔진이 실용화되면 화성까지 비행이 39일로 단축될 가능성이 있다.

화성으로 비행하는 데에는 최단이어도 약 200일이 걸린다. 인류가 경험한 적이 없는 장기간의 비행이다.

전방 액체산소탱크

컨트롤 룸

식사용 라운지

승객용 객실

오락 · 트레이닝실

화물실

화물실 · 로버 차고

착륙한 우주선이 지구로 귀환할 수 있는 것은 화성과 지구가 가장 가까워지는 18개월 후. 우주비행사는 이 기간 동안 화성 탐사 활동을 계속한다. 지구에서 가져온 거주 유닛을 펼쳐서 방사선을 막는 주거를 확보하고, 생명유지장치를 구동하여 탐사 로버로 화성을 여행한다.

화성의 착륙 지점은 멜라스 카스마

NASA에 의해, 화성의 착륙 지점은 이미 결정되어 있다. 위도가 50도 이하의 저위도지대이며, 안전하게 착륙할 수 있는 평탄한 곳, 그리고 착륙 지점 주위 100km 이내가 목적한 탐사 구역일 것. 이상의 조건에서 멜라스 카스마가 선택되었다.

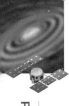

# 화성에 이주한 인류가
# 사는 곳은 돔 도시

## 22세기에는 화성도시가 탄생?

화성으로 유인 비행까지 앞으로 약 10년이다. 그다음으로 예상되는 것은 화성 이주다.

'아르테미스 프로그램'으로 화성으로 날아간 우주비행사들은 그 후 18개월 동안을 화성에서 살게 된다. 연료를 절약하여 최단거리로 귀환하기 위해서는 지구와 화성이 최적의 궤도 배치가 될 때까지 기다릴 필요가 있기 때문이다. 그래서 화성 탐사 임무를 수행하는 우주비행사들은 장기간의 체류를 무조건 해야 하며, 탐사·연구를 위해 화성에서 사는 사람도 차츰 늘어간다.

화성 이민 초기에는 우주방사선을 피해 살아남기 위해 지하의 피난소에서 살게 될 것이다. 60~61

# 1 이민 초기

**우선 살아남기 위한
작은 피난처를 만든다**

# 2 이민 중기

**지하시설의 네트워크와
미니 지구 환경 돔**

방사선을 피해 인간은
지하의 피난처에서 산다

지구와의 통신
지연, 3분에서
최대 22분

처음에는 물·산소·수소·
자재를 지구에서 가져온다

에너지는 초소형 원자력이 유력하다

지구 식물을 기르는
식물공장이 가장
중요한 시설

그리고, 물자원을 찾아
탐사를 계속한다

크레이터 등을 이용하여, 완전순환형 지구의
자연 환경을 재현한 돔을 건설한다

소규모 식물공장에서
습득한 기술을, 대형
시설에서 시도해본다

이것이 성공하면

쪽에서 보았듯이 이 시설에 필요한 것은 먼저 폐쇄식 순환형 생명유지 시스템이다. 다음 단계에는 식량을 자급하기 위해 식물공장이 필요하다. 처음에는 소형 실험 시설 속 빛을 가둔 온실 안에 지구 환경을 재현하여 최적의 생육종과 생육 방법을 찾아낸다.

2050년 이후는 실험 시설에서의 성과를 토대로 좀 더 큰 식물공장을 피난처 바깥 둘레 등에 건설한다. 토양, 물의 환경, 대기를 지구처럼 조정한 대농장은 인간도 살 수 있는 장소가 된다. 이처럼, 지구밖의 천체 일부를 인간이 살 수 있도록 지구화하는 것을 '패러테라포밍paraterraforming'이라고 한다.

2100년대 무렵에는 증가하는 화성 이민을 위해 거대한 돔이 건설되고 패러테라포밍된 내부에서 사람들은 지구에 있는 것처럼 살아간다.

최종적으로는 거대한 돔으로 화성을 빽빽하게 뒤덮어 제2의 지구로 만든다는 장대한 계획을 제창하는 연구자도 있을 정도다.

# 3 이민 완성기

### 화성의 지상에 패러테라포밍 도시가 탄생한다

화성의 지표를 거대한 돔으로 뒤덮고, 그 내부에 인간이 살 수 있는 환경을 만드는 패러테라포밍 구상이 주류이다.

스페이스X 사의 일론 머스크 등은 화성에서 핵폭발을 일으켜서 화성의 기후를 온난화시키는 테라포밍을 주장하고 있는데, 현재 지지하는 연구자는 적다.

화성의 지상에 재현되는 거대 돔 속의 지구 식생. 그림은 인도의 신문 '뉴인디아'에 실린, 패러테라포밍 도시 상상도.

인간은 지구에 있는 것과 똑같이 살 수 있다

**도시 하나를 커버하는 패러테라포밍으로**

지상시설은 화성의 흙을 이용한 소재이며, 로봇에 의한 자동건설이 진행된다.

돔 안쪽은 지구와 같은 기압과 같은 조성의 대기

버팀목 높이는 1,000m

재현된 지구의 식생

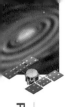

# 인류는 태양의 비밀을 풀기 위해 관측위성과 탐사선을 날려보냈다

## 태양계 중심에서 빛나는 태양

태양은 태양계에서 유일하게 스스로 다량의 빛을 내는 항성이다. 오른쪽 아래 그림에서 나타냈듯이, 태양계에는 태양에 가까운 순서대로 수성, 금성, 지구, 화성, 목성, 토성, 천왕성, 해왕성 등 8개의 행성이 있으며, 각각 자전하면서 태양 주위를 공전하고 있다.

지구와 태양의 거리는 약 1억 4,960만km. 이것을 1천문단위(astronomical unit : 기호 AU)라고 하며, 태양계의 천체 사이의 거리를 나타내는 단위로 사용된다. 예를 들면, 태양에서 가장 먼 행성인 해왕성까지는 약 45억 440만km=약 30.1AU이므로 태양과 지구의 30배 이상 떨어져 있다는 것을 알 수 있다.

## 초고온인 태양에 접근하는 도전

인류는 아주 오랜 옛날부터 빛과 열을 제공해 주는 태양을 숭배하고, 그 수수께끼를 풀기 위해 노력해왔다. 보다 상세한 태양관측을 위해, 인공위성이나 탐사선을 쏘아올리게 된 것은 1960년대 이후의 일이다. 오른쪽에 제시한 것은 최근의 주요 관측위성과 탐사선이다.

달이나 화성 탐사와 달리 초고온인 태양은 접근조차 쉽지 않다. 그래서 혹독한 환경으로부터 탐사선을 지키는 강력한 내열 소재가 개발되어 왔다. 유럽우주기구(ESA)가 주도하는 '솔라 오비터Solar Orbiter'는 2020년에 7,700만km까지 접근하여 태양 촬영에 성공했으며, NASA의 '파커 태양 탐사선'은 2024년에 600만km까지 최근접하는 것을 지향하고 있다.

## 주요 관측위성 · 탐사선

### 일본의 관측위성도 활약하고 있다

| | |
|---|---|
| 1991-2001<br>태양 관측위성<br>**요코** | 일본 우주과학연구소(현재 JAXA 산하)가 개발한 관측위성. X선 망원경으로 태양 플레어solar flare 관측과 측정에 커다란 성과를 올렸다. |
| 2006-운용 중<br>태양 관측위성<br>**히노데** | JAXA와 일본 국립천문대가 협력하여 개발한 고정밀도 망원경에 의한 태양 관측위성. 궤도상의 태양 천문대로서 세계의 연구자에게 공헌하고 있다. |

### NASA · ESA 등의 태양 관측위성 · 탐사선

| | |
|---|---|
| 1974-1986<br>태양 탐사선<br>**헬리오스** | 서독과 NASA가 공동 개발한 태양 탐사선 시리즈. 1·2호선이 있다. 탐사선으로서 최초로 수성 궤도의 안쪽에서 태양을 관측했다. |
| 1995-운용 중<br>태양권 관측선<br>**SOHO** | ESA와 NASA가 공동 개발한 태양 관측선. 태양과 지구 사이에 있는 L1 타원 궤도를 돌며 태양풍을 관측하여 태양 플레어의 발생 예보에서 활약했다. |
| 2018-운용 중<br>우주·태양 탐사선<br>**파커 태양 탐사선** | NASA와 존스홉킨스대학이 공동 개발한 태양 탐사선. 태양의 600만km까지 접근하여 태양 표면의 활동과 태양풍 발생의 원리를 찾으며, 2024년에는 태양에 가장 가깝게 접근한다. |
| 2020-운용 중<br>태양 관측위성<br>**솔라 오비터** | ESA가 개발한 태양 관측위성. 지구에서 관측하기 힘든 태양의 극지방을 관측한다. 태양풍과 태양 자기장 발생의 원리 등 태양 활동과 태양권의 구조를 탐색한다. |

### 태양계의 거리를 나타내는 기준

1AU=1천문단위
지구에서 태양까지 거리,
약 1억 4,960만km를 기준으로 삼고 있다

태양
수성(약 0.4AU)
금성(약 0.7AU)
화성(약 1.5AU)
지구(1AU)
목성(약 5.2AU)

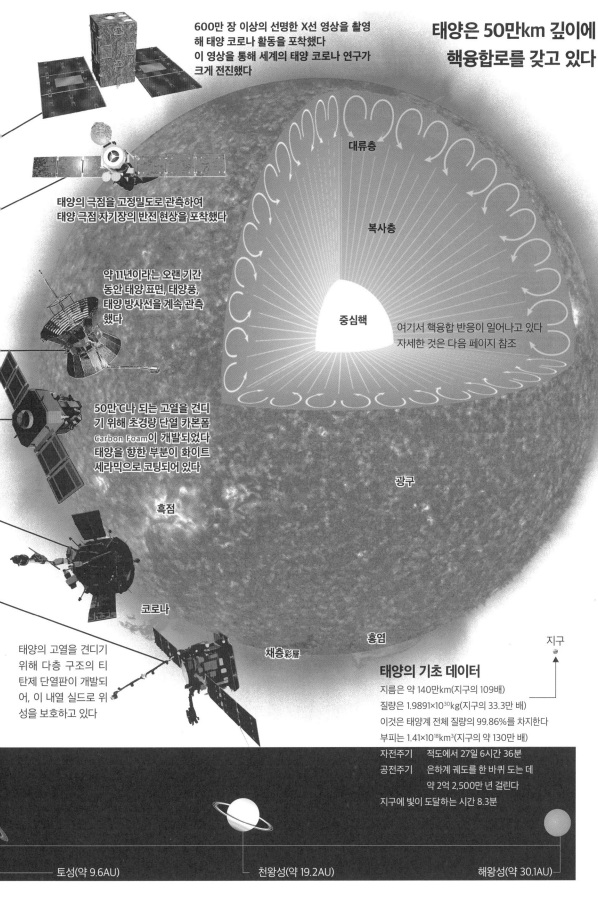

# 태양은 50만km 깊이에 핵융합로를 갖고 있다

600만 장 이상의 선명한 X선 영상을 촬영해 태양 코로나 활동을 포착했다 이 영상을 통해 세계의 태양 코로나 연구가 크게 전진했다

태양의 극점을 고정밀도로 관측하여 태양 극점 자기장의 반전 현상을 포착했다

약 11년이라는 오랜 기간 동안 태양 표면, 태양풍, 태양 방사선을 계속 관측했다

50만°C나 되는 고열을 견디기 위해 초경량 단열 카본폼 Carbon Foam이 개발되었다 태양을 향한 부분이 화이트 세라믹으로 코팅되어 있다

태양의 고열을 견디기 위해 다층 구조의 티탄제 단열판이 개발되어, 이 내열 실드로 위성을 보호하고 있다

대류층

복사층

중심핵

여기서 핵융합 반응이 일어나고 있다 자세한 것은 다음 페이지 참조

광구

흑점

코로나

채층彩層

홍염

지구

## 태양의 기초 데이터

지름은 약 140만km(지구의 109배)

질량은 $1.9891×10^{30}$kg(지구의 33.3만 배)

이것은 태양계 전체 질량의 99.86%를 차지한다

부피는 $1.41×10^{18}$km³(지구의 약 130만 배)

| | |
|---|---|
| 자전주기 | 적도에서 27일 6시간 36분 |
| 공전주기 | 은하계 궤도를 한 바퀴 도는 데 약 2억 2,500만 년 걸린다 |
| 지구에 빛이 도달하는 시간 8.3분 | |

토성(약 9.6AU)

천왕성(약 19.2AU)

해왕성(약 30.1AU)

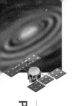

# 태양은 핵융합에 의해 타고 있으며 뜨거운 태양풍을 불어낸다

### 태양풍으로부터 지구를 지키는 자기장

태양이 탄생한 것은 약 46억 년 전. 수소 가스가 모여서 거대해지고 중심부에서 핵융합 반응이 일어나서 빛나게 되었다. 핵융합이란 가벼운 원자가 결합하여 무거운 원자로 바뀌어가는 것이다. 태양의 주성분인 수소가 4개 결합하여 최종적으로는 헬륨4로 바뀌는 과정에서 막대한 에너지가 생기는 것이다. 단, 이 에너지는 영원히 계속되지는 않으며, 약 50억 년 후에 수소를 전부 써버리면 태양은 소멸한다고 예측된다.

태양의 대기 가장 바깥쪽은 '코로나'라고 불리고 있다. 평소에는 보이지 않지만, 달이 태양을 가리는 개기일식 때 태양 주위에 하얗게 빛나는 것으로 보이는 것이 코로나다. 100만℃라는 엄청난 고온에 이르는 코로나에서는 플라즈마(전기를 띤 원자로 이루어진 가스)가 한없이 방출되고 있으며 이것이 초속 400km 이상의 '태양풍'이 되어 태양계로 퍼져간다. 이 태양풍이 도달하는 범위를 '태양권'이라고 하며, 태양권의 범위는 태양계 최외곽 행성보다 더 넓다.

태양풍에는 우주방사선도 포함되어 있으므로 생물이 직접 맞으면 죽음에 이른다. 우리가 지구에서 살아갈 수 있는 것은 지구 자기장이 태양풍으로부터 보호해주고 있기 때문이다. 그 밖에 자기장이 강한 태양계 천체는 '목성형 행성'으로 불리는 가스로 이루어진 행성(목성, 토성, 천왕성, 해왕성). 암석으로 이루어진 '지구형 행성' 가운데 화성과 금성에는 자기장이 없으며, 수성은 자기장이 있기는 하지만 아주 약하다.

## 태양 중심에서 일어나고 있는 핵융합의 원리

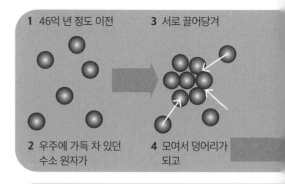

**1** 46억 년 정도 이전

**2** 우주에 가득 차 있던 수소 원자가

**3** 서로 끌어당겨

**4** 모여서 덩어리가 되고

## 태양풍의 구조와 태양계

중심은 1,600만℃
표면은 6,000℃

코로나는 100만℃나 된다

태양풍 초속 300~900km

수성이나 금성도 자기장이 없거나 약하므로 태양풍으로 인한 대기 손실이 일어난다

수성    금성

그럼에도 불구하고 금성에는 두터운 대기가 있는데, 이는 금성 내부에서 계속 발생하는 가스에 의해서 생긴 것이다. - 감수자

열에너지    이 플라즈마가 방출되어 태양풍이 된다

### 태양이 빛나는 것은 플라즈마의 빛

온도                                    초고온

| 고체 | 액체 | 기체 | 플라즈마 |
|------|------|------|----------|

물질은 온도에 의해 형태를 바꾸고 최후에는 전자가 떨어져나가 플라즈마가 된다

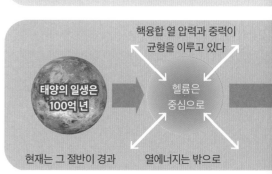

핵융합 열 압력과 중력이 균형을 이루고 있다

태양의 일생은 100억 년

헬륨은 중심으로

현재는 그 절반이 경과    열에너지는 밖으로

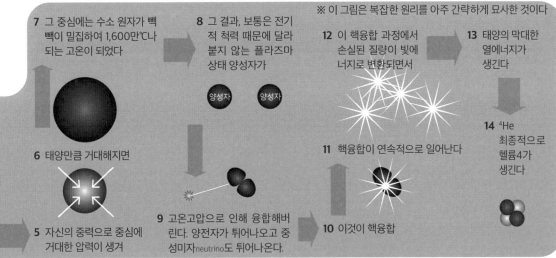

**7** 그 중심에는 수소 원자가 빽빽이 밀집하여 1,600만℃나 되는 고온이 되었다

**8** 그 결과, 보통은 전기적 척력 때문에 달라붙지 않는 플라즈마 상태 양성자가

양성자　양성자

※ 이 그림은 복잡한 원리를 아주 간략하게 묘사한 것이다

**12** 이 핵융합 과정에서 손실된 질량이 빛에너지로 변환되면서

**13** 태양의 막대한 열에너지가 생긴다

**14** ⁴He 최종적으로 헬륨4가 생긴다

**6** 태양만큼 거대해지면

**11** 핵융합이 연속적으로 일어난다

**5** 자신의 중력으로 중심에 거대한 압력이 생겨

**9** 고온고압으로 인해 융합해버린다. 양전자가 튀어나오고 중성미자neutrino도 튀어나온다.

**10** 이것이 핵융합

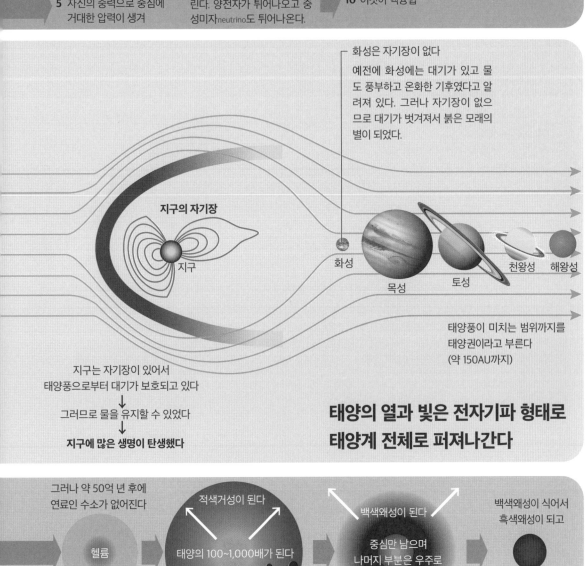

화성은 자기장이 없다

예전에 화성에는 대기가 있고 물도 풍부하고 온화한 기후였다고 알려져 있다. 그러나 자기장이 없으므로 대기가 벗겨져서 붉은 모래의 별이 되었다.

**지구의 자기장**

지구

화성

목성

토성

천왕성　해왕성

태양풍이 미치는 범위까지를 태양권이라고 부른다 (약 150AU까지)

지구는 자기장이 있어서 태양풍으로부터 대기가 보호되고 있다

↓

그러므로 물을 유지할 수 있었다

↓

**지구에 많은 생명이 탄생했다**

## 태양의 열과 빛은 전자기파 형태로 태양계 전체로 퍼져나간다

그러나 약 50억 년 후에 연료인 수소가 없어진다

적색거성이 된다

헬륨

빈 공간

태양의 100~1,000배가 된다

수성과 금성은 삼켜진다

백색왜성이 된다

중심만 남으며 나머지 부분은 우주로 산산이 퍼진다

백색왜성이 식어서 흑색왜성이 되고

끝

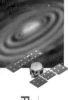

# 태양에 가장 가까운 수성은
# 아직 탐사 중인 작은 행성

## 낮과 밤의 기온차 590℃

수성은 태양계 행성 중에서 가장 태양에 가까우며 반지름은 지구의 약 5분의 2밖에 되지 않는 작은 행성이다. 자전이 느려서 낮이 88일, 밤이 88일 계속되는 데다 태양열을 완화시키는 대기가 거의 없으므로 표면온도는 430℃에서 -160℃까지 변화한다.

태양에 가깝기 때문에 탐사하기 힘들며 지금까지 성공한 것은 NASA의 행성 탐사선 '매리너 10호'와 수성 탐사선 '메신저'뿐이다. 2018년에는 JAXA와 유럽우주기구(ESA)가 수성 탐사선 '베피콜롬보 BepiColombo'를 발사, 2025년 도착을 목표로 하고 있다.

### 수성을 탐사한 최초의 탐사선은 NASA의 '매리너 10호'

미국의 '매리너 프로그램' 최후의 탐사선. 여러 행성을 하나의 탐사선으로 탐색한 최초의 탐사선으로, 수성 표면의 40%도 사진 촬영했다.

'매리너 10호'는 수성에 327km까지 접근하여 관측을 수행, 수성의 혹독한 환경을 인류에게 알렸다.

**매리너 10호의 발견 1**
수성의 자전이 대단히 느리다
수성은 지구의 59일 동안 1회전한다

**매리너 10호의 발견 3**
해가 비치지 않는 밤은 극한의 땅
밤의 온도는 -160℃

— 칼로리스 분지

**매리너 10호의 발견 2**
태양에 가장 가까운 별이므로 낮의 온도는 430℃로 대단히 뜨겁다

◀ 메신저가 촬영한 수성

지면을 그림자가 움직이는 속도도 느리다
그 속도는 시속 3.5km
태양의 빛으로부터 걸어서 달아날 수 있다

2011년에 두 번째 탐사선 메신저가 수성에 도착

### 수성의 지각 구조

— 맨틀 (규산염)

핵 (철, 니켈 합금)

대기는 희박하다

NASA의 수성 탐사선 메신저는 수성의 물질 구성, 자기장, 지형, 대기 성분 등의 관측에 성공했다

### 수성의 기본 데이터

| | |
|---|---|
| 지름 | 4,880km(지구의 0.4배) |
| 질량 | 지구의 18분의 1 |
| 표면중력 | 지구의 0.38배 |
| 공전주기 | 88일 |
| 자전주기 | 59일 |
| 대기 성분 | 수소, 헬륨, 산소, 나트륨, 칼슘, 칼륨 등 |
| 위성 수 | 0 |

2015년에 수성 표면에 낙하하여 운용을 마무리했다

수성은 반지름의 70% 이상을 차지하는 단단한 금속 핵을 갖고 있다. 표면은 달과 비슷하게 무수한 크레이터로 뒤덮여 있다. 그중에는 지름 1,550km, 태양계 최대 규모의 칼로리스 분지Caloris Planitia가 있다

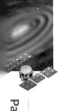

# 두터운 구름에 뒤덮인 금성을
# 냉전 시대의 미국과 소련이 탐사했다

## 태양계에서 가장 밝게 빛나는 행성

금성은 밤하늘에서 가장 밝게 빛나는 태양계 행성이다. 이것은 금성을 뒤덮은 두터운 구름이 태양 빛을 반사하고 있기 때문이다. 새벽과 해질녘에 또렷하게 보이므로 '샛별', '개밥바라기'로도 불린다. 금성의 자전은 수성보다 더 느리지만 대기의 상층에는 '슈퍼 로테이션'이라고 불리는 초속 100m의 강풍이 불고 있다.

최초의 금성 탐사는 1961년에 시작된 소련의 '베네라Venera 프로그램'이며, 이어서 미국의 '매리너Mariner 프로그램'이 시작되어 미국과 소련이 경쟁적으로 금성의 비밀을 풀어왔다.

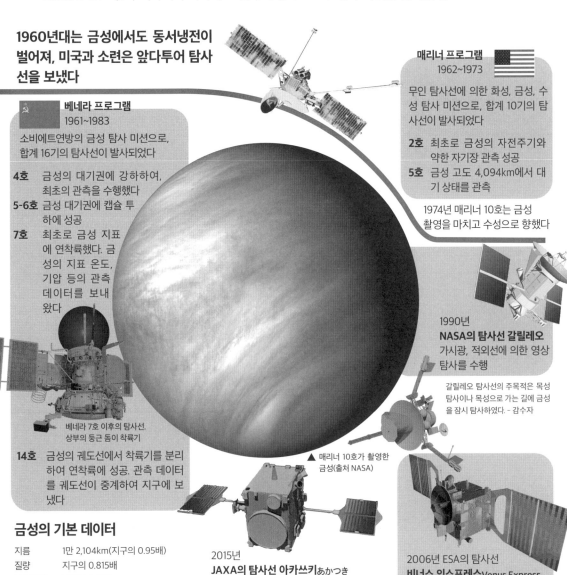

### 1960년대는 금성에서도 동서냉전이 벌어져, 미국과 소련은 앞다투어 탐사선을 보냈다

**매리너 프로그램**
1962~1973

무인 탐사선에 의한 화성, 금성, 수성 탐사 미션으로, 합계 10기의 탐사선이 발사되었다

**2호** 최초로 금성의 자전주기와 약한 자기장 관측 성공
**5호** 금성 고도 4,094km에서 대기 상태를 관측

1974년 매리너 10호는 금성 촬영을 마치고 수성으로 향했다

**베네라 프로그램**
1961~1983

소비에트연방의 금성 탐사 미션으로, 합계 16기의 탐사선이 발사되었다

**4호** 금성의 대기권에 강하하여, 최초의 관측을 수행했다
**5-6호** 금성 대기권에 캡슐 투하에 성공
**7호** 최초로 금성 지표에 연착륙했다. 금성의 지표 온도, 기압 등의 관측 데이터를 보내왔다

베네라 7호 이후의 탐사선. 상부의 둥근 돔이 착륙기

**14호** 금성의 궤도선에서 착륙기를 분리하여 연착륙에 성공. 관측 데이터를 궤도선이 중계하여 지구에 보냈다

1990년
**NASA의 탐사선 갈릴레오**
가시광, 적외선에 의한 영상 탐사를 수행

갈릴레오 탐사선의 주목적은 목성 탐사이나 목성으로 가는 길에 금성을 잠시 탐사하였다. - 감수자

▲ 매리너 10호가 촬영한 금성(출처 NASA)

## 금성의 기본 데이터

| | |
|---|---|
| 지름 | 1만 2,104km(지구의 0.95배) |
| 질량 | 지구의 0.815배 |
| 표면중력 | 지구의 0.91배 |
| 공전주기 | 225일 |
| 자전주기 | 243일 |
| 대기 성분 | 이산화탄소, 질소 등 |
| 위성 수 | 0 |

2015년
**JAXA의 탐사선 아카쓰키**あかつき
고정밀도 카메라로 금성의 대기를 관측. 현재는 금성의 기상위성으로 기능하고 있다.

2006년 ESA의 탐사선
**비너스 익스프레스**Venus Express
금성의 대기를 관측하여 예전에는 금성에 산소와 물이 존재했었음을 밝혀냈다

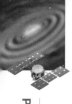

# 금성은 불타는 지옥처럼 뜨겁지만
# 구름 속이라면 사람도 살 수 있다

궁극의 온실효과가 낳은 불타는 지옥

　금성과 지구는 크기도, 중력도, 구조도 아주 비슷하여 쌍둥이 행성이라고도 불린다. 그러나 금성의 지표면 온도는 무려 460℃나 되어 생물이 살 수 있는 환경이 아니다.

　왜 이렇게 고온이 되었을까? 금성의 상공 약 45~70km에는 진한 황산 구름이 행성을 뒤덮고 있다. 태양에서 쏟아지는 열은 이 구름에 가로막혀 지표면에는 약간밖에 도달하지 않는다. 그런데, 금성 대기의 96%를 차지하는 이산화탄소($CO_2$)가 '온실효과'를 일으켜, 약간의 태양열이지만 이것을 가두어서 기온을 상승시켜버린다.

　지구도 지금 $CO_2$ 증가에 의해 온난화가 진행되고 있는데, 지구 대기에 포함된 $CO_2$는 불과 0.04%.

**70km** 상공의 구름 위는
평균기온 약 **30℃**
하지만 산소는 없다

**황산 구름 속에서
포스핀이 발견되었다**(81쪽 감수자주 참조)

NASA는 금성의 구름에서 포스핀(인화수소)이 발견되었다고 발표. 포스핀은 지구에서는 생명 활동으로만 생성된다. 금성의 구름 속에 생명 활동이 있다는 증거라고도 생각되고 있다.

30km 　진한 황산 구름, 이산화탄소 등
온실 가스

온실효과

적외선

**금성의 긴 하루**
금성의 자전 속도는 수성과 마찬가지로 아주 느리다. 1회전하는 데 지구 시간으로 243일이나 걸린다. 심지어 자전 방향이 지구와 반대이므로 태양은 서쪽에서 뜬다. 게다가 구름 때문에 지표에서는 거의 보이지 않는다.

지표 온도는
태양계에서 가장 높은 **460℃**

그에 비하면 금성의 $CO_2$는 자릿수가 다르게 많으니, 온실효과가 얼마나 강한지 알 수 있을 것이다.

## 지상 50km 공중 도시

혹독한 환경에 있는 금성에는 생명이 존재하지 않는다고 생각해왔다. 그러나 2020년 NASA는 금성의 구름 속에서 포스핀phosphine이라는 물질을 발견했다. 포스핀은 생명 활동에 의해 생겨나므로 어떤 생명이 존재할 가능성이 있다고도 예측하고 있다.[*]

사실, 지표의 환경만 혹독할 뿐, 상공 약 50km의 구름 속은 기온 약 20℃, 기압도 지구와 같은 1기압이다. 그러므로 공중이라면 인간이 살아가는 것도 불가능하지는 않다고 생각되고 있다.

아래 일러스트는 그 상상도이다. 작열하는 지표는 이용할 수 없으므로 비행선을 대기권에 보내서 띄운 다음, 사람들은 공중에서 살게 될 것으로 예상되고 있다.

---

[*] 포스핀의 발견은 후에 오류로 밝혀졌다. 그러나 금성에서 생명 활동을 찾고자 하는 노력은 계속되고 있다. - 감수자

## 금성에서 인간의 생존권역은 기구를 이용해서 둥둥 떠 있는 공중 도시

과학자 중에는, 인류가 행성 이주를 한다면 화성보다 금성이 적합하다는 의견이 있다. 대기 덕분에 화성과 달리 위협적인 방사선이 없다. 쾌적한 기온도 있다. 단, 지표에는 내려설 수 없다. 인간이 이주한다면 공중에서 생활하게 될 것이다.

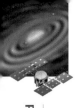

# 태양이 되지 못한 거대 가스 행성, 목성
## 개성만점 위성도 거느린다

### 화산과 바다도 있는 목성의 위성

목성은 지름이 지구의 11배나 되는, 태양계에서 가장 큰 행성이다. 태양과 마찬가지로 대부분 수소로 이루어진 가스 덩어리지만 태양처럼 핵융합을 통해 스스로 빛나지는 않는다. 만약 목성의 질량(물체에 함유되는 물질의 양)이 지금보다 80배만 컸다면 수소 핵융합을 일으켜서 제2의 태양이 되었을 것이라고 한다.

목성 표면에는 다갈색 줄무늬가 보인다. 이것은 자전이 빨라서 여러 방향으로 강풍이 불고 있기 때문이다. 또한 목성에는 2021년까지 발견된 것만으로도 80개의 위성이 있다. 그중 이오, 유로파, 가니메데, 칼리스토 등 4개는 17세기 이탈리아 천문학자인 갈릴레오 갈릴레이가 발견하여 '갈릴레오 위성'이라고도 불린다.

1970년대 이래, NASA에 의해 목성 탐사가 이루어져 이오에는 분화하는 화산이 있다는 것이나 유로파에는 얼음층 아래에 바다가 있으며, 생명이 존재할 가능성이 있다는 것 등이 잇따라 밝혀졌다.

**가스 모양의 수소층**

**액체수소층**
대기의 밀도가 수소를 액화하고 있다

**헬륨네온층**
대기압이 헬륨을 플라즈마화하고 있다

**목성은 태양계에서 가장 방사선이 강한 자기권을 형성하고 있다**

### 목성의 기본 데이터

| | |
|---|---|
| 지름 | 14만 2,984km (지구의 11배) |
| 질량 | 지구의 318배 |
| 표면중력 | 지구의 2.5배 |
| 공전 속도 | 시속 4만 7,000km |
| 자전주기 | 9시간 56분 |
| 대기 성분 | 수소 81%, 헬륨 17% |
| 위성 수 | 80 |
| 표면 온도 | -108℃ |
| 1년 길이 | 지구의 약 12년 |
| 일조량 | 지구의 4% |

### 갈릴레오가 발견한 목성의 위성 4형제

갈릴레오 갈릴레이
(1564~1642)

갈릴레오는 직접 만든 망원경으로 목성 주위를 공전하는 4개의 위성을 발견한다. 그는 이런 사실로부터 지동설을 확신했다고 한다. 발견된 이오, 유로파, 가니메데, 칼리스토는 '갈릴레오 위성'이라고 불린다.

### 1 이오
화산이 불을 뿜는 위성

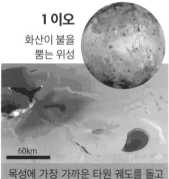

60km

목성에 가장 가까운 타원 궤도를 돌고 있어 강한 차등중력을 받아 지각이 뒤틀리고 뜨거워져서 활발한 화산 활동이 계속된다. 보이저 1호가 그 모습을 최초로 포착했다. 사진은 갈릴레오 탐사선이 촬영한 용암류.

### 2 유로파
얼음 밑 바다에 생물이 있을까?

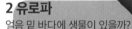

**유로파의 단면 예상도**

수증기 분출　　표면

균열이 있는 깨진 얼음층

10km

100km　　바다

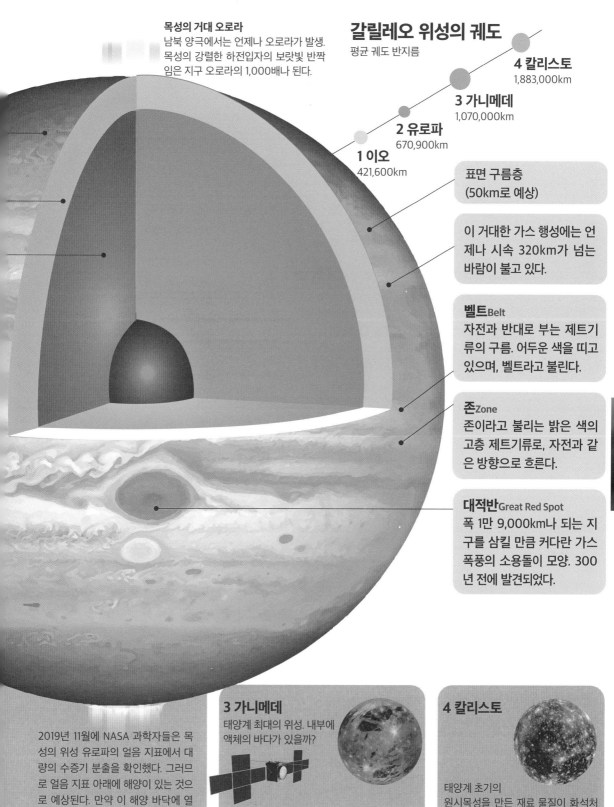

**목성의 거대 오로라**
남북 양극에서는 언제나 오로라가 발생. 목성의 강렬한 하전입자의 보랏빛 반짝임은 지구 오로라의 1,000배나 된다.

## 갈릴레오 위성의 궤도
평균 궤도 반지름

**4 칼리스토**
1,883,000km

**3 가니메데**
1,070,000km

**2 유로파**
670,900km

**1 이오**
421,600km

**표면 구름층**
**(50km로 예상)**

이 거대한 가스 행성에는 언제나 시속 320km가 넘는 바람이 불고 있다.

**벨트**Belt
자전과 반대로 부는 제트기류의 구름. 어두운 색을 띠고 있으며, 벨트라고 불린다.

**존**Zone
존이라고 불리는 밝은 색의 고층 제트기류로, 자전과 같은 방향으로 흐른다.

**대적반**Great Red Spot
폭 1만 9,000km나 되는 지구를 삼킬 만큼 커다란 가스 폭풍의 소용돌이 모양. 300년 전에 발견되었다.

2019년 11월에 NASA 과학자들은 목성의 위성 유로파의 얼음 지표에서 대량의 수증기 분출을 확인했다. 그러므로 얼음 지표 아래에 해양이 있는 것으로 예상된다. 만약 이 해양 바다에 열원이 존재한다면 생물의 존재도 기대할 수 있다. NASA는 2025년에 유로파에 탐사선을 보내는 계획을 진행하고 있다.

**3 가니메데**
태양계 최대의 위성. 내부에 액체의 바다가 있을까?

목성의 위성 중에서는 유일하게 지구처럼 금속 핵에 의한 자기장을 갖는다. 일본 JAXA가 목성 탐사의 주요 타깃으로 삼고 있다. 탐사선 '주스'로 공전 탐사를 하여 내부 바다의 유무와 그것의 성분, 지질 활동의 역사, 자기장을 조사한다.

**4 칼리스토**

태양계 초기의 원시목성을 만든 재료 물질이 화석처럼 남아 있을 것으로 기대되는, 태양계에서 세 번째로 큰 위성. '주스'는 근접 탐사를 수행하여 얼음 성분, 내부 상태 등을 조사하여 목성 형성 당시의 정보를 얻으려고 하고 있다.

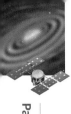
# 아름다운 고리를 가진 토성
## 위성은 생명체 존재 가능성도 품고 있다

### 고리의 정체는 얼음이나 암석 부스러기

토성은 지구에서 맨눈으로도 볼 수 있는 행성 중에서 가장 멀리 있으며, 아름다운 고리(링)를 가진 것으로 알려져 있다. 이 신비한 고리는 얼음 알갱이나 암석 부스러기가 모여서 생긴 것이다. 1675년, 이탈리아 출신 천문학자 카시니Cassini는 토성의 고리가 여러 개 있으며, 고리와 고리 사이에는 틈이 있음을 발견했다. 이 발견에서 따서 가장 넓은 틈은 '카시니 간극'이라고 불린다.

토성은 목성과 아주 비슷한 특징을 가지며, 대부분 수소로 이루어진 가스 행성이다. 목성에 이어 두 번째로 크고 많은 위성이 발견되는 점에서도 목성과 비슷하다. 위성 수는 명명된 것만 해도 53

### 토성의 고리는 어떻게 생겨났을까?

토성 테두리의 아름다운 고리가 어떻게 만들어졌는지는 최근까지 수수께끼였다. 최신 연구에서는, 태양계 바깥에서 날아온 소천체(혜성이나 소행성체 따위)가 거대한 토성의 중력으로 파괴된 결과라고 보는 설이 유력하다.*

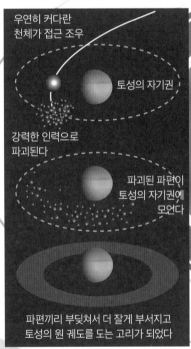

우연히 커다란 천체가 접근 조우

토성의 자기권

강력한 인력으로 파괴된다

파괴된 파편이 토성의 자기권에 모인다

파편끼리 부딪쳐서 더 잘게 부서지고 토성의 원 궤도를 도는 고리가 되었다

*여기에 소개된 고리형성이론에서는 토성의 자기장의 영향이 절대적으로 중요한 것으로 나오지만 자기장의 역할에 대해서는 논란의 여지가 있다. – 감수자

NASA · ESA 공동 토성 탐사선 **카시니**

### 토성의 기본 데이터

| | |
|---|---|
| 지름 | 12만 536km(지구의 9배 이상) |
| 질량 | 지구의 95배 |
| 자전주기 | 지구 시간으로 10시간 14분 |
| 공전주기 | 지구 시간으로 29.5년 |
| 표면중력 | 지구의 약 91% |
| 대기 성분 | 수소 93%, 헬륨 5%, 메탄, 암모니아 등 |
| 위성 수 | 82개 |
| 지구로부터 비행시간 | 약 3년 |

### 카시니는 약 20년 동안 토성을 지속적으로 관찰했다

1997년에 발사, 2004년에 토성의 공전궤도에서 탐사 개시.
2004년 12월에 위성 타이탄에 탐사선을 강하시켜 착륙. 타이탄 탐사.
2006년, 위성 엔셀라두스를 탐사. 지표에서 간헐천의 분출을 확인. 다량의 물이 존재하는 증거를 발견했다.
2006년 7월, 타이탄 북극에서 탄화수소의 호수를 발견.
2006년 10월, 토성의 북극에서 제트기류가 만든 육각형 소용돌이 발견.
2009년까지 6개의 새로운 위성을 발견.
2017년 운용 종료, 토성의 대기권에 돌입.
이 동안에 45만 3,048장의 영상을 촬영.
총비행거리 79억km, 3,948건의 카시니 탐사 기사가 과학잡지에 실렸다.

개, 미확정인 것까지 포함하면 82개나 된다.

## 토성 탐사선 카시니의 발견

최초의 토성 탐사는 1979년에 토성에 접근한 NASA의 행성 탐사선 '파이오니어 11호'가 수행했다. 1997년에는 NASA와 유럽우주기구(ESA)가 토성과 관련 있는 천문학자 이름을 딴 토성 탐사선 '카시니'를 발사, 이후 20년에 걸쳐서 토성과 그 위성을 지속적으로 관측해왔다.

'카시니'는 2004년 12월 25일에 탐사선 '하위헌스Huygens'를 토성의 위성 타이탄에 투입하고 다음 해 1월 14일에 착륙시키는 데 성공, 타이탄에 메탄의 강과 거대한 호수가 있음을 발견했다. 또한 그 후의 관측을 통해 위성 엔셀라두스Enceladus에는 얼음 알갱이를 내뿜는 장소가 있으며 물이나 유기물이 있다는 것도 알아냈으므로 생명이 존재할 가능성이 시사되고 있다.

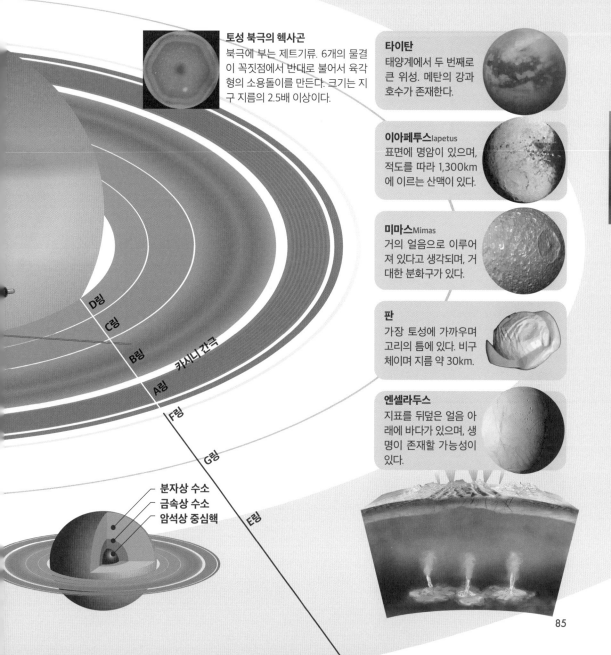

**토성 북극의 헥사곤**
북극에 부는 제트기류. 6개의 물결이 꼭짓점에서 반대로 불어서 육각형의 소용돌이를 만든다. 크기는 지구 지름의 2.5배 이상이다.

**타이탄**
태양계에서 두 번째로 큰 위성. 메탄의 강과 호수가 존재한다.

**이아페투스Iapetus**
표면에 명암이 있으며, 적도를 따라 1,300km에 이르는 산맥이 있다.

**미마스Mimas**
거의 얼음으로 이루어져 있다고 생각되며, 거대한 분화구가 있다.

**판**
가장 토성에 가까우며 고리의 틈에 있다. 비구체이며 지름 약 30km.

**엔셀라두스**
지표를 뒤덮은 얼음 아래에 바다가 있으며, 생명이 존재할 가능성이 있다.

D링
C링
B링
A링
카시니 간극
F링
G링
E링

분자상 수소
금속상 수소
암석상 중심핵

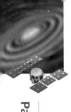

# 얼음과 가스로 이루어진 푸른 행성, 천왕성
## 천왕성은 옆으로 누워서 자전한다

### 98도 기울어진 얼음과 가스의 행성

천왕성에는 토성과 마찬가지로 고리가 있는데, 그 고리는 아래 그림처럼 옆으로 누워 있다. 천왕성의 자전축은 98도나 기울어 있기 때문이다. 이것은 행성이 갓 탄생했을 무렵, 거대한 천체와 충돌했기 때문인 것으로 추측하고 있다.

천왕성의 구조는 해왕성과 아주 비슷하다. 둘 다 얼음과 가스로 이루어져 있으며, 대기에 함유된 메탄이 태양에서 오는 붉은 빛을 흡수하므로 파랗게 빛나 보인다. 이 두 행성에 접근한 탐사선은 NASA의 '보이저 2호'뿐이다.

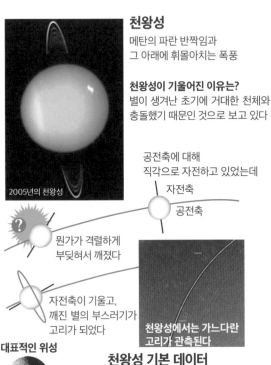

**천왕성**
메탄의 파란 반짝임과
그 아래에 휘몰아치는 폭풍

2005년의 천왕성

**천왕성이 기울어진 이유는?**
별이 생겨난 초기에 거대한 천체와
충돌했기 때문인 것으로 보고 있다

공전축에 대해
직각으로 자전하고 있었는데
— 자전축
— 공전축

? 뭔가가 격렬하게
부딪혀서 깨졌다

자전축이 기울고,
깨진 별의 부스러기가
고리가 되었다

천왕성에서는 가느다란
고리가 관측된다

**대표적인 위성**

미란다

아리엘

엄브리엘

티티니아

오베론

### 천왕성 기본 데이터

| | |
|---|---|
| 지름 | 5만 1,118km (지구의 약 4배) |
| 질량 | 지구의 14.5배 |
| 자전주기 | 17시간 14분 |
| 공전주기 | 지구의 84년 |
| 태양으로부터의 거리 | 28억 7,100만km |
| 표면중력 | 지구와 같은 정도 |
| 대기 성분 | 수소 83%, 헬륨 15%, 메탄 2% |

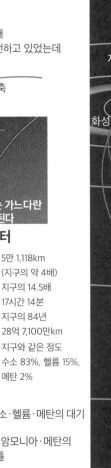

상층대기
수소·헬륨·메탄의 대기
물·암모니아·메탄의 맨틀
규소·철·니켈의 핵

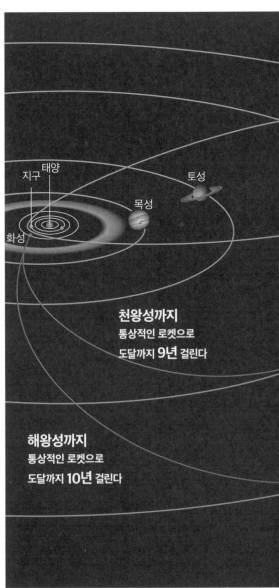

지구 태양
토성
목성
화성

**천왕성까지**
통상적인 로켓으로
도달까지 **9년 걸린다**

**해왕성까지**
통상적인 로켓으로
도달까지 **10년 걸린다**

# 태양에서 가장 먼 해왕성은 폭풍이 몰아치는 초저온 세계

### 역행위성 트리톤을 거느린다

　해왕성은 태양으로부터 약 45억km 거리에 있으며, 태양계 가장 바깥쪽에 있는 행성이다. 태양에서 멀기 때문에 표면온도가 -220℃밖에 안 되는 초저온의 세계지만, 내부에 열을 갖고 있어 중심부는 5,000℃ 이상 될 것으로 여겨진다. 표면에는 강풍이 불며 거대한 흑점이 나타났다가 사라지곤 한다.

　해왕성이 가진 14개의 위성 가운데 트리톤은 가장 크며 행성의 자전과 역방향으로 공전하는 역행위성이다. 표면온도는 태양계에서 가장 추운 -235℃로 추측되는 한편, 내부 가열에 의한 화산 활동도 발견되고 있다.

해왕성

### 해왕성
가장 어둡고 푸른 가스의 별

◀ 보이저 2호가 1989년에 촬영한 사진

▼ 대흑반을 확대한 사진

**태양계에서 가장 빠른 바람이 분다**
해왕성 표면은 두터운 수소나 헬륨 가스로 덮여 있으며, 적도의 자전궤도를 따라 시속 2,000km 이상의 폭풍이 불고 있다. 이 폭풍의 소용돌이가 대흑반大黑斑이며, 푸른 색깔을 따라 대청반이라고도 한다.

상층대기

수소·헬륨·메탄의 대기

물·암모니아· 메탄의 맨틀

암석핵

### 해왕성 기본 데이터

| | |
|---|---|
| 지름 | 4만 9,528km (지구의 3.9배) |
| 질량 | 지구의 17배 |
| 자전주기 | 16시간 6분 |
| 공전주기 | 165년 |
| 태양으로부터의 거리 | 44억 9,500만km |
| 표면중력 | 지구의 약 1.13배 |
| 대기 성분 | 수소 80%, 헬륨 19%, 미량의 메탄, 물, 암모니아 |

반대 방향으로 공전하고 있다
그 이유는 수수께끼

해왕성

카이퍼 벨트

트리톤

### 위성 트리톤의 수수께끼
트리톤은 해왕성 최대의 위성. 보이저 2호의 조사로 지하에 물의 존재가 상정되고 있다. 트리톤은 태양계 가장 바깥 카이퍼 벨트의 소행성이 해왕성에 포획된 것. 트리톤의 공전 궤도는 다른 행성이나 위성과 역행하고 있다.

핼리혜성

천왕성

해왕성

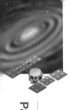

# 명왕성과 태양계 외곽을 넘어서
## 보이저의 태양계 탈출

### 해왕성 바깥에도 수많은 천체가 있다

해왕성보다 바깥쪽에 있는 명왕성은 1930년에 발견되어 태양계 9번째 행성이 되었지만, 현재는 '왜소행성'으로 분류된다. 2006년에 행성의 정의가 바뀌어 커다란 천체라고 해도 공전궤도 가까이에 더 큰 다른 천체가 있는 것을 '왜소행성'이라고 부르게 되었기 때문이다.

1992년 이후, 해왕성 바깥쪽을 도는 명왕성과 유사한 소천체가 무수히 발견되었다. 명왕성도 포함하여 이들을 통틀어서 '태양계 외곽 천체'라고 부르며, 그들 대부분은 카이퍼 벨트라고 불리는 원반 모양 영역에 몰려 있다.

## 왜소행성 명왕성과 태양계 외곽 천체

### 명왕성 기본 데이터

| 지름 | 2,377km (달의 약 70%) |
|---|---|
| 질량 | 지구의 0.2% |
| 자전주기 | 6.4일 |
| 공전주기 | 248년 |
| 평균기온 | -223℃ |

### 명왕성이 태양계의 끝이 아니었다

태양계는 태양풍이 만드는 자기장의 거대한 거품=태양권계면Heliopause 안에 있으며, 은하계 안을 공전하고 있다.

명왕성은 1930년에 발견되어 태양계 아홉 번째 행성이 되었다. 그러나 그 후 태양계 외곽에서 비슷한 규모 천체가 여러 개 발견된 결과, 이들 천체와 묶어서 태양계 외곽 천체로 취급하게 되었다.

**태양풍의 흐름**

해왕성 / 천왕성 / 토성 / 목성 / 지구 / 태양

명왕성

카이퍼 벨트

### 잇따라 발견되는 왜소행성과 태양계 외곽 천체
현재 약 2,500개 이상의 천체가 발견되었고, 명왕성에 버금가는 왜소행성도 3개 발견되었다.

### 말단충격파면
태양풍의 속도가 급속히 떨어져서 음속 이하가 되는 지대

### '뉴 호라이즌스'가 최초로 관측했다
2015년, 미국의 탐사선 '뉴 호라이즌스'가 최초로 명왕성에 접근하여 그 모습을 촬영하고 각종 관측을 했다.

## 보이저의 행성 대여행

1977년 NASA는 행성 탐사선 '보이저 1호'와 자매탐사선 '보이저 2호'를 발사, '보이저 프로그램'을 실시했다. 때마침 이 무렵은 180년에 한 번 목성, 토성, 천왕성, 해왕성이 거의 같은 방향으로 늘어서는 시기였으므로 이들 행성을 연속탐사하는 '그랜드투어(대여행)'를 목표로 했던 것이다. 이때 사용된 방법이, 탐사한 행성의 중력을 이용하여 방향이나 속도를 바꾸는 '플라이바이'다. 이것에 의해 최소한의 연료로 다음 행성으로 비행할 수 있었다.

1호는 목성, 토성을 탐사한 다음, 2012년에 인공물로서 역사상 최초로 태양권을 벗어나서 성간공간에 들어갔다. 2호는 목성, 토성을 돌고나서 천왕성, 해왕성에 접근하는 데 성공하고, 2018년에 태양권을 벗어났다. 이 계획에서 당초 예정되었던 명왕성 탐사는 보류되었고, 대신 2015년 '뉴 호라이즌스New Horizon's'가 명왕성에 초접근하였다.

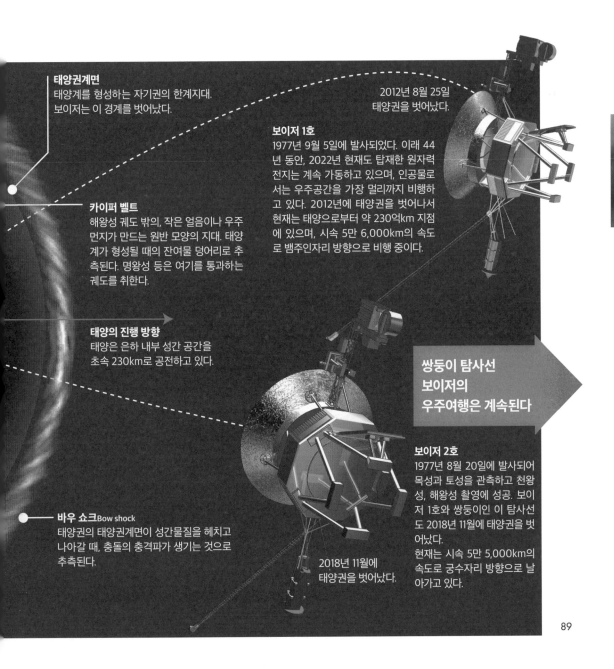

**태양권계면**
태양계를 형성하는 자기권의 한계지대. 보이저는 이 경계를 벗어났다.

**2012년 8월 25일** 태양권을 벗어났다.

**보이저 1호**
1977년 9월 5일에 발사되었다. 이래 44년 동안, 2022년 현재도 탑재한 원자력 전지는 계속 가동하고 있으며, 인공물로서는 우주공간을 가장 멀리까지 비행하고 있다. 2012년에 태양권을 벗어나서 현재는 태양으로부터 약 230억km 지점에 있으며, 시속 5만 6,000km의 속도로 뱀주인자리 방향으로 비행 중이다.

**카이퍼 벨트**
해왕성 궤도 밖의, 작은 얼음이나 우주 먼지가 만드는 원반 모양의 지대. 태양계가 형성될 때의 잔여물 덩어리로 추측된다. 명왕성 등은 여기를 통과하는 궤도를 취한다.

**태양의 진행 방향**
태양은 은하 내부 성간 공간을 초속 230km로 공전하고 있다.

**쌍둥이 탐사선 보이저의 우주여행은 계속된다**

**보이저 2호**
1977년 8월 20일에 발사되어 목성과 토성을 관측하고 천왕성, 해왕성 촬영에 성공. 보이저 1호와 쌍둥이인 이 탐사선도 2018년 11월에 태양권을 벗어났다.
현재는 시속 5만 5,000km의 속도로 궁수자리 방향으로 날아가고 있다.

**바우 쇼크**Bow shock
태양권의 태양권계면이 성간물질을 헤치고 나아갈 때, 충돌의 충격파가 생기는 것으로 추측된다.

**2018년 11월에** 태양권을 벗어났다.

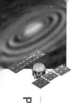

# 지구의 메시지를 싣고
# 보이저는 우리은하를 날아간다

**태양계를 넘어서 항해하는 보이저**

NASA의 쌍둥이 행성 탐사선 '보이저 1호·2호'는 발사된 지 40년 이상이 지난 지금도 드넓은 우주를 여행하면서 지구로 관측 데이터를 계속 보내오고 있다.

NASA는 홈페이지에 보이저가 지금 지구나 태양으로부터 얼마나 떨어진 지점에 있는지를 시시각각으로 표시하고 있다. 2022년 7월 시점에 1호는 태양에서 약 156AU(약 233억km), 2호는 약 130AU(약 195억km) 떨어진 곳을 날아가고 있다.

2025년 무렵에는 1, 2호 모두 탑재한 원자력전지의 수명이 끝나 관측 데이터를 보낼 수 없게 되지만 본체는 태양계를 넘어서 계속 앞으로 날아갈 예정이다.

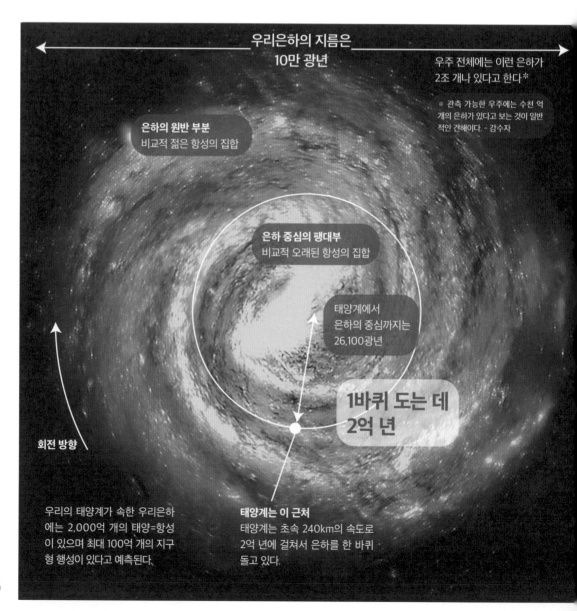

## 우리은하의 지적 생명체를 찾아서

우주에는 수많은 별이 모인 '은하'가 무수히 존재한다. 그중 하나가 태양계가 속한 '우리은하'라고 불리는 것이며 태양계는 우리은하의 중심에서 좀 떨어진 곳에 자리 잡고 있다.

우리은하만 해도 태양처럼 스스로 빛나는 항성이 약 2,000억 개 있는 것으로 추측되며,* 그 주위를 몇 개의 행성이 돌고 있는 것으로 여겨진다. 이런 외계행성 중에는 어쩌면 지구처럼 생명이 존재하는 행성이 있을지도 모른다.

보이저호에는 관측 이외에 또 하나의 임무가 부여되어 있다. 그것은 지구밖 지적 생명체에게 발견되었을 때 지구인의 존재를 알리는 것이다. 그러기 위해 두 보이저호에는 금색 레코드판이 실렸는데, 거기에는 지구상의 여러 가지 소리와 여러 종류의 언어로 인사말이 수록되어 있다.

---

\* 우리은하 내 항성의 숫자는 대략적으로만 알려져 있으며 1,000억에서 4,000억 개로 추산치가 다양하다. - 감수자

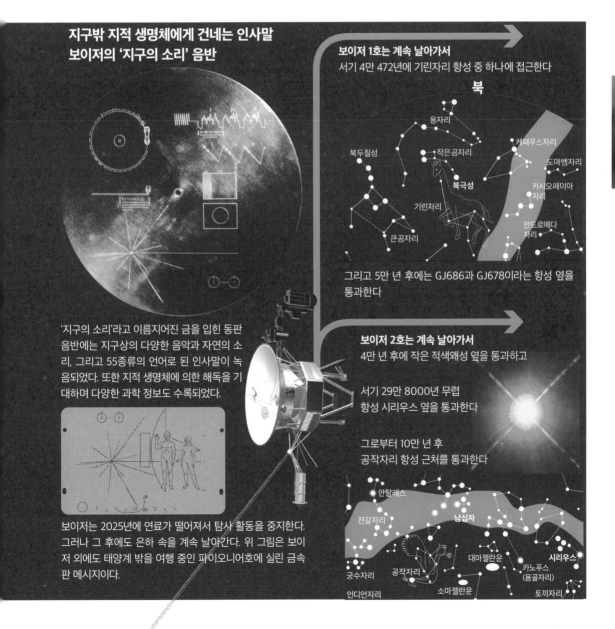

**지구밖 지적 생명체에게 건네는 인사말**
**보이저의 '지구의 소리' 음반**

**보이저 1호는 계속 날아가서**
서기 4만 472년에 기린자리 항성 중 하나에 접근한다

북

용자리
북두칠성    작은곰자리    케페우스자리
북극성    도마뱀자리
기린자리    카시오페이아자리
큰곰자리    안드로메다자리

그리고 5만 년 후에는 GJ686과 GJ678이라는 항성 옆을 통과한다

'지구의 소리'라고 이름지어진 금을 입힌 동판 음반에는 지구상의 다양한 음악과 자연의 소리, 그리고 55종류의 언어로 된 인사말이 녹음되었다. 또한 지적 생명체에 의한 해독을 기대하며 다양한 과학 정보도 수록되었다.

보이저는 2025년에 연료가 떨어져서 탐사 활동을 중지한다. 그러나 그 후에도 은하 속을 계속 날아간다. 위 그림은 보이저 외에도 태양계 밖을 여행 중인 파이오니어호에 실린 금속판 메시지이다.

**보이저 2호는 계속 날아가서**
4만 년 후에 작은 적색왜성 옆을 통과하고

서기 29만 8000년 무렵 항성 시리우스 옆을 통과한다

그로부터 10만 년 후 공작자리 항성 근처를 통과한다

안탈레스
전갈자리    남십자
궁수자리    공작자리    대마젤란운    카노푸스(용골자리)    시리우스
인디언자리    소마젤란운    토끼자리

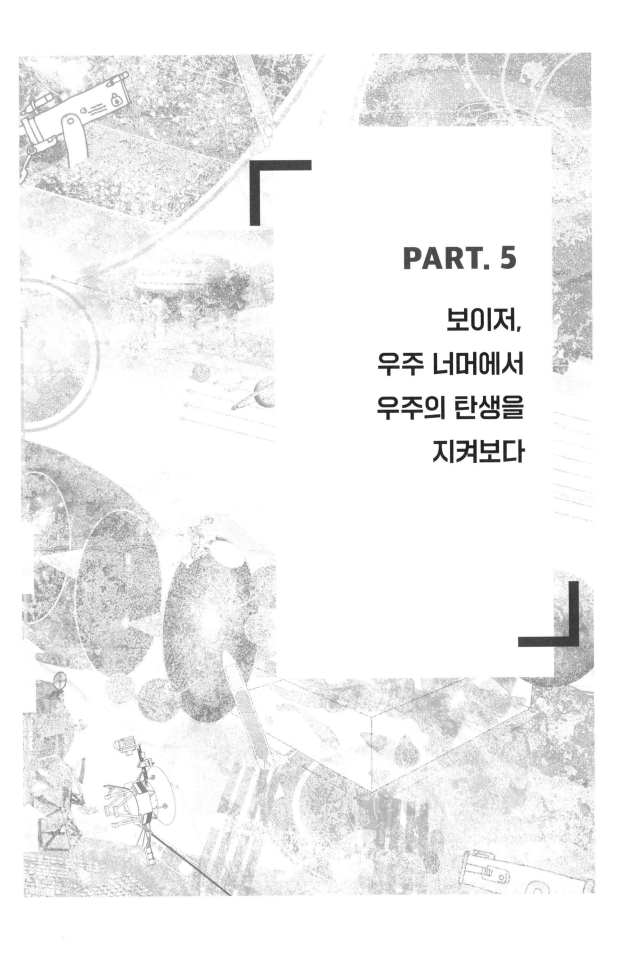

# PART. 5

## 보이저,
## 우주 너머에서
## 우주의 탄생을
## 지켜보다

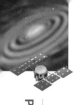

# 우리은하를 떠나자
# 수수께끼로 가득 찬 우주가 펼쳐진다

### 우리은하를 떠나서 은하단으로

　　태양계를 떠난 보이저호는 지금도 우리은하를 계속 날아가고 있다. 보이저호의 앞으로의 여행을 상상하면서 우리도 드넓은 우주를 여행해보자. 우리은하를 벗어난 곳에서 보이는 것은 우리은하와 마찬가지로 수많은 별들이 모인 다른 은하의 무리. 이들 우리은하의 동료 모임을 '국부局部은하군'이

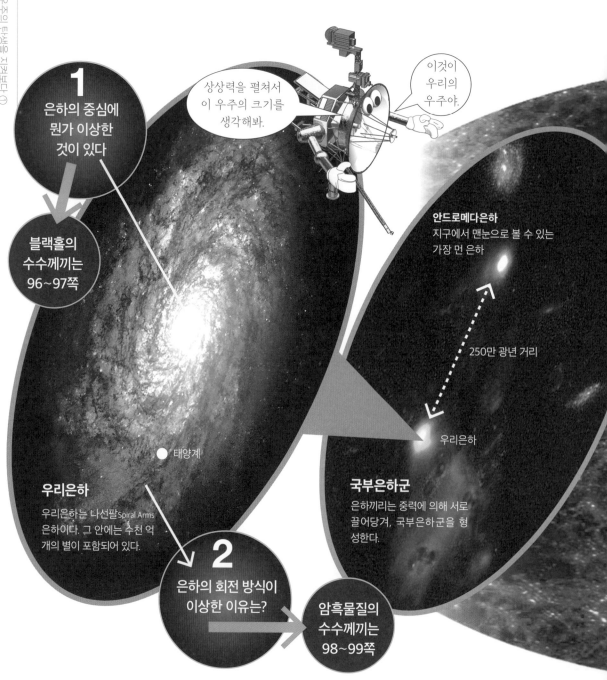

**1**
은하의 중심에 뭔가 이상한 것이 있다

상상력을 펼쳐서 이 우주의 크기를 생각해봐.

이것이 우리의 우주야.

블랙홀의 수수께끼는 96~97쪽

**안드로메다은하**
지구에서 맨눈으로 볼 수 있는 가장 먼 은하

250만 광년 거리

우리은하

●태양계

**우리은하**
우리은하는 나선팔Spiral Arms 은하이다. 그 안에는 수천 억 개의 별이 포함되어 있다.

**국부은하군**
은하끼리는 중력에 의해 서로 끌어당겨, 국부은하군을 형성한다.

**2**
은하의 회전 방식이 이상한 이유는?

암흑물질의 수수께끼는 98~99쪽

라고 한다. 그중 가장 큰 은하는 250만 광년 거리에 있는 안드로메다은하다.

보이저호는 거기서도 계속 날아간다. 보고 싶은 것이 더 멀리에 있기 때문이다.

국부은하군을 벗어나면 더욱 장대한 별들이 반짝이는 한가운데에 있다. 별처럼 보이는 하나하나가 보이저호가 빠져나온 은하군이다. 이 은하군의 덩어리는 '은하단'이라고 불린다.

거기서 다시 더욱 멀리 날아가는 보이저호. 갑자기 쑥 빠져나온 듯한 느낌이 든다.

보이저호의 눈앞에 우주가 있었다. 은하들이 거미줄처럼 한없이 분포하는, 수수께끼로 가득 찬 우리의 우주다. 보이저호와 함께 그 비밀을 탐색해보자.

## 현재 생각되고 있는 우주 전체 이미지

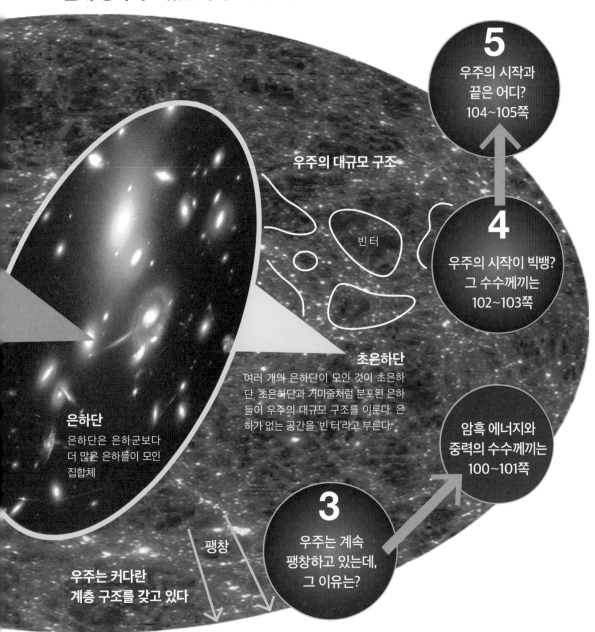

**5**
우주의 시작과
끝은 어디?
104~105쪽

우주의 대규모 구조

빈터

**4**
우주의 시작이 빅뱅?
그 수수께끼는
102~103쪽

Part 5

**초은하단**
여러 개의 은하단이 모인 것이 초은하단. 초은하단과 거미줄처럼 분포된 은하들이 우주의 대규모 구조를 이룬다. 은하가 없는 공간을 '빈 터'라고 부른다.

**은하단**
은하단은 은하군보다
더 많은 은하들이 모인
집합체

암흑 에너지와
중력의 수수께끼는
100~101쪽

**3**
우주는 계속
팽창하고 있는데,
그 이유는?

팽창

우주는 커다란
계층 구조를 갖고 있다

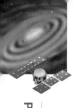

# 왜 은하의 중심에 블랙홀이 있을까?
## 그것은 또 하나의 커다란 수수께끼다

강력한 중력을 가진 수수께끼의 검은 구멍

　오랫동안 우주에 관심 있는 사람들에게 '블랙홀은 실재하는가?'라는 것은 커다란 수수께끼였다. 블랙홀이란 중력이 너무 커서 세상에서 가장 빠르다는 빛조차도 빠져나갈 수 없는 천체를 말한다. 그것의 존재를 두고 연구자들은 격론을 벌여왔다. 돌파구가 된 것은 물리학자 아인슈타인이 우주에 작용하는 중력에 대해, '일반상대성이론'이라는 혁신적인 이론을 발표한 것이었다.

　그 이론을 많은 연구자가 다양한 조건으로 검증했는데, 그중 2명의 연구자의 계산 결과가 논란을 일으켰다. 인도의 연구자 찬드라세카르Subrahmanyan Chandrasekhar는 어떤 일정 정도 이상의 질량을 가진 별은 마지막에 자신의 중력으로 붕괴하고 말 것이라고 했고, 독일의 연구자 슈바르츠실트Karl Schwarzschild는 마지막에는 빛조차도 빠져나갈 수 없는 특수한 영역이 된다고 주장했다. 수학적 계산

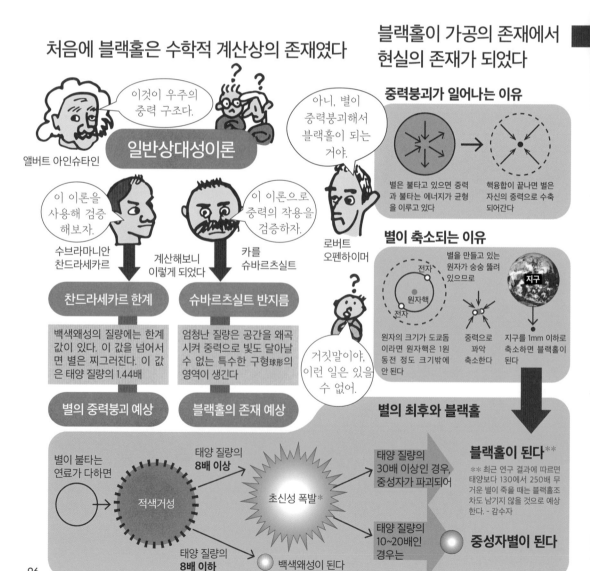

처음에 블랙홀은 수학적 계산상의 존재였다

블랙홀이 가공의 존재에서 현실의 존재가 되었다

이것이 우주의 중력 구조다.

일반상대성이론

앨버트 아인슈타인

이 이론을 사용해 검증해보자.

수브라마니안 찬드라세카르

계산해보니 이렇게 되었다

이 이론으로 중력의 작용을 검증하자.

카를 슈바르츠실트

아니, 별이 중력붕괴해서 블랙홀이 되는 거야.

로버트 오펜하이머

거짓말이야, 이런 일은 있을 수 없어.

찬드라세카르 한계

백색왜성의 질량에는 한계값이 있다. 이 값을 넘어서면 별은 찌그러진다. 이 값은 태양 질량의 1.44배

별의 중력붕괴 예상

슈바르츠실트 반지름

엄청난 질량은 공간을 왜곡시켜 중력으로 빛도 달아날 수 없는 특수한 구형球形의 영역이 생긴다

블랙홀의 존재 예상

중력붕괴가 일어나는 이유

별은 불타고 있으면 중력과 불타는 에너지가 균형을 이루고 있다

핵융합이 끝나면 별은 자신의 중력으로 수축되어간다

별이 축소되는 이유

별을 만들고 있는 원자가 숭숭 뚫려 있으므로

전자
원자핵
전자

지구

원자의 크기가 도쿄돔이라면 원자핵은 1원동전 정도 크기밖에 안 된다

중력으로 파악 축소한다

지구를 1mm 이하로 축소하면 블랙홀이 된다

별의 최후와 블랙홀

블랙홀이 된다**

**최근 연구 결과에 따르면 태양보다 130에서 250배 무거운 별이 죽을 때는 블랙홀조차도 남기지 않을 것으로 예상한다. - 감수자

별이 불타는 연료가 다하면

적색거성

태양 질량의 8배 이상

초신성 폭발*

태양 질량의 30배 이상인 경우, 중성자가 파괴되어

태양 질량의 10~20배인 경우는

중성자별이 된다

태양 질량의 8배 이하

백색왜성이 된다

* 초신성 폭발에는 여러 종류가 있으며, 여기서 나타낸 무거운 별이 폭발하는 현상을 핵붕괴형 초신성이라고 한다. - 감수자

으로 블랙홀이 예언된 것이다. 당연히 연구자들은 격렬한 비판을 퍼부었다.

　두 사람에게 도움의 손길을 내민 사람은 훗날 원자폭탄을 개발한 물리학자 오펜하이머였다. 그는 새로운 양자역학이론을 도입하여 블랙홀의 존재 가능성을 제시했다.*

　그 후, 연구자들은 블랙홀의 존재를 확인하는 다양한 시도를 계속했으며, 2019년에 국제공동연구그룹인 '이벤트 호라이즌 텔레스코프(Event Horizon Telescope, EHT)'가 블랙홀의 직접 촬영에 성공했다. 수수께끼의 검은 구멍이 수학적 존재에서 물리적 존재가 된 순간이었다.**

---

\*　역설적으로도 오펜하이머는 1939년에 발표된 이 연구 이후 블랙홀 연구를 하지 않았다. - 감수자
\*\*　2019년 블랙홀 그림자 촬영 이전에도 블랙홀의 존재를 뒷받침하는 여러 관측 연구 결과들이 있었다. - 감수자

EHT Collaboration

**2019년 4월 10일
최초로 블랙홀의 그림자가 촬영되었다**
국제공동연구그룹 EHT가 처녀자리은하단에 위치한 M87은하의 블랙홀을 둘러싼 광자구(光子球, Photon sphere)와 그것의 그림자를 촬영했다.

엇, 위험해.
빨려들어갈
뻔했어.

# 현재 알려져 있는
# 블랙홀의 구조

**광속제트**
블랙홀로 끌려들어온 가스의 일부는 블랙홀 양단에서 광속에 가까운 속도로 분출되는 제트가 된다. 거대한 제트는 은하 전체보다도 크다.

**빛 표면**
블랙홀 주위에서 방출되는 빛이 중력에 이끌려 블랙홀의 그림자 주위에 빛나는 고리를 만든다. EHT는 이 고리를 촬영했다.

**강착원반**
블랙홀에 이끌려간 물질은 그대로 빨려들어가지 않고 블랙홀 주위에 원반을 만들면서 돈다. 이때 X선, 가시광선, 적외선 등 넓은 파장의 전자파를 방출한다.

**사건의 지평선**
이 이상 안에 들어간 물질이나 에너지가 탈출이 불가능해지는 영역

특이점

**최종안정궤도**
강착원반의 안쪽 테두리에 블랙홀 주위를 안정적으로 공전할 수 있는 궤도가 있다.

이건 내 생각인데,
은하 중심의 오래된 별이
블랙홀에 빨려들어가서
그렇게 되었나.

은하의 중심

은하의 중심에
왜 거대 블랙홀이 있는지,
아직은 알지 못한다
**이것은 거대한 수수께끼다**

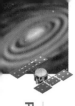

# 암흑물질, 우주는 미지의 물질로 가득 차 있다

**눈에 보이지 않는 암흑물질이 있다**

1980년대까지 천문학자들은 행복한 시절을 보냈다고 할 수 있다. 현재의 천문학자들을 골치 아프게 하는 '우주는 무엇으로 이루어져 있는가'라는 문제로 골머리를 썩을 필요가 없었기 때문이다. 지구상의 생물에서 별까지, 우주의 모든 것은 지금까지의 물리학이 발견한 소립자에 의해 만들어져 있다고 생각되고 있었다.

평화롭던 천문학에 불길한 징조가 나타난 것은 여성 천문학자 베라 루빈Vera Cooper Rubind의 관측 결과 때문이었다. 그녀는 안드로메다은하 별들의 공전 운동을 관측하다가 기묘한 것을 깨달았다. 별들은 은하 중심부 주위로 공전을 하는데 원래라면 은하 중심에서 멀어질수록 공전 속도가 줄어야 한다. 그런데, 모든 별이 똑같은 속도로 공전하고 있었던 것이다.

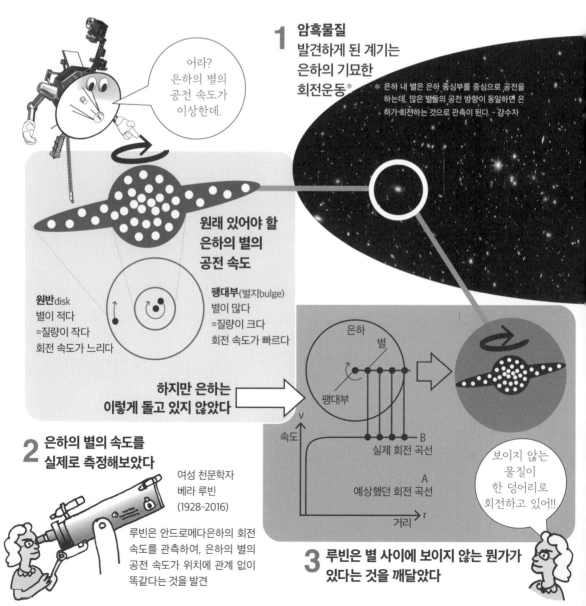

**1** 암흑물질 발견하게 된 계기는 은하의 기묘한 회전운동*

어라? 은하의 별의 공전 속도가 이상한데.

* 은하 내 별은 은하 중심부를 중심으로 공전을 하는데, 많은 별들의 공전 방향이 동일하면 은하가 회전하는 것으로 관측이 된다. - 감수자

원래 있어야 할 은하의 별의 공전 속도

**원반**disk
별이 적다
=질량이 작다
회전 속도가 느리다

**팽대부**(벌지bulge)
별이 많다
=질량이 크다
회전 속도가 빠르다

하지만 은하는 이렇게 돌고 있지 않았다

은하
별
팽대부

속도 v

B
실제 회전 곡선

A
예상했던 회전 곡선

거리 r

보이지 않는 물질이 한 덩어리로 회전하고 있어!!

**2** 은하의 별의 속도를 실제로 측정해보았다

여성 천문학자
베라 루빈
(1928-2016)

루빈은 안드로메다은하의 회전 속도를 관측하여, 은하의 별의 공전 속도가 위치에 관계 없이 똑같다는 것을 발견

**3** 루빈은 별 사이에 보이지 않는 뭔가가 있다는 것을 깨달았다

이 현상에 대해 루빈은 은하 전체가 눈에 보이지 않는 뭔가에 감싸여서 회전하고 있다고 생각했다.*
이 관측 결과는 이어서 훨씬 번거로운 문제를 만들어냈다. 그렇다면 이 보이지 않는 물질이란 뭘까. 눈에 보이지 않고, 전자기파(빛)도 방출하지 않고, 질량만을 가진 이 수수께끼의 물질은 '암흑물질(다크 매터)'이라고 불리며, 우주 연구의 주요 테마로 떠올랐다. 2018년에는 도쿄대학 연구팀이 일본의 '스바루' 망원경을 활용하여 암흑물질의 존재를 알아내고, 그것을 지도화하는 데 성공했다. 관측 기술의 비약적인 고도화와 전 세계 연구자들의 노력으로 암흑물질의 정체를 밝혀내는 날도 머지않았다고 한다.

* 좀 더 정확하게 얘기하자면 눈에 보이지 않은 질량을 가진 수수께끼의 물질이 은하를 감싸면서 분포하고 있어야 별들이 생각보다 빠른 속도로 공전해도 은하의 중력에 붙들려 현재 상태를 유지할 수 있다는 뜻이다. 어떤 덩어리에 박혀 있는 별들이 덩어리의 회전을 따라 회전한다는 개념이 아니다. - 감수자

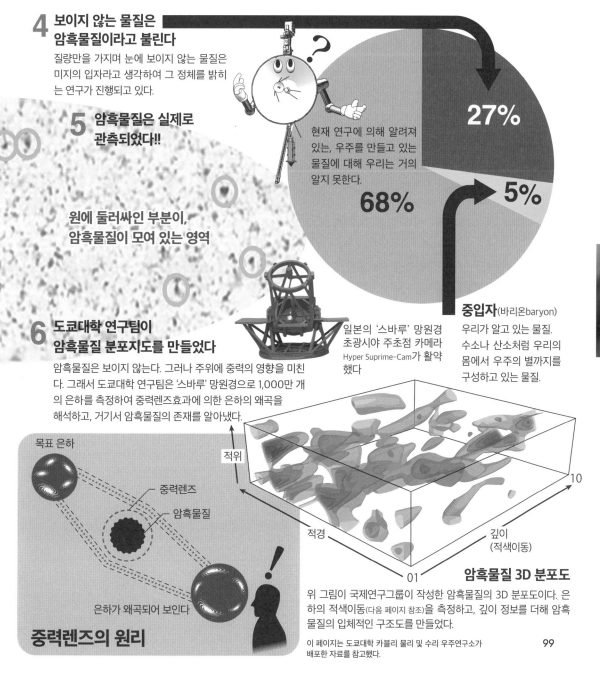

## 4 보이지 않는 물질은 암흑물질이라고 불린다
질량만을 가지며 눈에 보이지 않는 물질은 미지의 입자라고 생각하여 그 정체를 밝히는 연구가 진행되고 있다.

## 5 암흑물질은 실제로 관측되었다!!

원에 둘러싸인 부분이,
암흑물질이 모여 있는 영역

현재 연구에 의해 알려져 있는, 우주를 만들고 있는 물질에 대해 우리는 거의 알지 못한다.

27%

68%

5%

## 6 도쿄대학 연구팀이 암흑물질 분포지도를 만들었다
암흑물질은 보이지 않는다. 그러나 주위에 중력의 영향을 미친다. 그래서 도쿄대학 연구팀은 '스바루' 망원경으로 1,000만 개의 은하를 측정하여 중력렌즈효과에 의한 은하의 왜곡을 해석하고, 거기서 암흑물질의 존재를 알아냈다.

일본의 '스바루' 망원경 초광시야 주초점 카메라 Hyper Suprime-Cam가 활약했다

중입자(바리온baryon)
우리가 알고 있는 물질. 수소나 산소처럼 우리의 몸에서 우주의 별까지를 구성하고 있는 물질.

목표 은하
중력렌즈
암흑물질
은하가 왜곡되어 보인다

## 중력렌즈의 원리

적위
적경
깊이
(적색이동)
10
01

## 암흑물질 3D 분포도
위 그림이 국제연구그룹이 작성한 암흑물질의 3D 분포도이다. 은하의 적색이동(다음 페이지 참조)을 측정하고, 깊이 정보를 더해 암흑물질의 입체적인 구조도를 만들었다.

이 페이지는 도쿄대학 카블리 물리 및 수리 우주연구소가 배포한 자료를 참고했다.

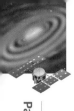
# 우주의 가속팽창과
# 미지의 암흑 에너지

## 우주는 계속 팽창하고 있다

1929년에 미국의 천문학자 허블이 다양한 은하의 움직임에서 우주팽창의 증거를 발표할 때까지, 우주는 정지한 공간이며 변화하지 않는다는 '정적인 우주관'이 오랫동안 천문학자들에게 지지를 받았다. 아인슈타인도 그것을 주장한 사람 가운데 하나였다. 허블은 윌슨산 천문대의 2.5m 망원경으로 은하의 빛을 분광관측하여 빛의 스펙트럼이 멀리 있는 은하일수록 '적색이동'*하고 있음을 밝혀냈다. 즉, 멀리 있는 은하일수록 빠른 속도로 멀어져가고 있는 것이다.

우주에 작용하는 힘 중에서 사물을 서로 끌어당기는 힘=중력은 우주를 수축시키는 작용을 한다. 우주가 축소하지 않고 있는 것은 이 중력에 대항하는 힘=척력이 작용하여 균형을 잡고 있기 때

---

\* 빛이 긴 파장으로 이동되어 보이는 현상. 이런 일이 일어나면 푸른색 물체가 붉은색 물체로 보이기도 한다. - 감수자

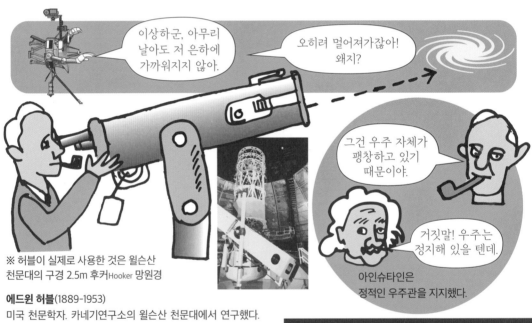

※ 허블이 실제로 사용한 것은 윌슨산 천문대의 구경 2.5m 후커Hooker 망원경

**에드윈 허블**(1889-1953)
미국 천문학자. 카네기연구소의 윌슨산 천문대에서 연구했다. 1924년에 은하계 밖에서도 은하의 존재를 발견. 1929년에는 은하의 적색이동을 통해 다른 은하가 상대적으로 우리은하에서 멀어져가고 있음을 발견하여 우주팽창론의 단서를 제공했다.

아인슈타인은 정적인 우주관을 지지했다.

**하지만, 우주팽창에는 확증이 있었다**

**1** 그러나 이 발견은
아주 골치아픈 문제를 낳는다

아인슈타인은 축소하는 힘(중력)과 확장하는 힘(척력)이 균형을 이루고 있다고 생각했다.

그런데

**2** 우주는 팽창하고 있다
뿐만 아니라 현재 가속팽창하고 있다.

우주를 가속팽창시키는 에너지의 정체는?

문이다. 이것이 아인슈타인이 생각해낸 정적인 우주를 만드는 방법이었다. 이를 위해 아인슈타인은 척력의 작용을 하는 수수께끼의 에너지라는 존재를 가정하였다.

그런데, 나중에 우주가 팽창하고 있음이 알려진 것이다.** 아인슈타인은 윌슨산 천문대로 허블을 찾아가서 팽창우주의 관측 사실을 확인했을 때, 자신이 틀렸음을 부끄러워했다고 한다.

그러나 훗날(1990년대)에 아인슈타인이 가정하였던 수수께끼의 에너지가 존재하며 이로 인해 우주가 현재 가속팽창하고 있다는 사실이 밝혀진다. '암흑 에너지dark energy'라는 이름이 붙은 이 수수께끼의 존재의 정체를 밝혀낼 때, 인류의 우주관은 다시 한 번 변혁을 맞이할 것이다.

---

** 우주는 빅뱅으로 시작하여 팽창을 시작했는데 중력에 의해서 우주의 팽창은 감속하게 된다. 그래서 우주는 감속팽창한다고 생각되고 있었다. 그러나 척력처럼 작용하는 다른 힘이 있다면 우주가 감속팽창하다가도 가속팽창하게 되는 일이 일어난다. - 감수자

그중에는 거의 광속으로 멀어지고 있는 은하도 있다

공간 자체가 점점 확대되므로 보이저호와 은하 사이도 점점 떨어져간다

**팽창 증거는 빛의 적색이동**

**우주는 풍선처럼 팽창하고 있다!!**

| 우주방사선 | γ선 | X선 | 자외선 | 적외선 | 전파 |
|---|---|---|---|---|---|

1nm(나노미터, 10억분의 1m)

가시광선

별의 빛은 전자기파이며 파장에 따라 다른 이름을 가진다.

| 389nm | | 780nm |
|---|---|---|
| 자외선 | | 적외선 |
| 파장이 짧다 | | 파장이 길다 |

눈에 보이는 가시광선은 파장이 길어지면 빨간 빛으로 보인다

멀어지는 대상으로부터의 파장은 기준보다 길어진다. 따라서 B는 상대적으로 멀어지고 있다.

Ⓐ ——— 기준이 되는 별의 파장

B의 파장이 붉은색 쪽으로 이동되어 있다=파장이 길다

Ⓑ ——→ 멀어지고 있는 별의 파장

**적색이동**

## 3 우주의 구성물질, 모르는 것이 다시 늘었다

**현재 생각되고 있는 우주의 소재**

암흑 에너지 다크 에너지라고도 불린다

27% 암흑물질

68% 암흑 에너지

바리온 5%

이 우주팽창이 우주가속팽창으로 이어진다

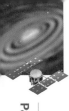

# 우주마이크로파가
# 우주의 탄생 빅뱅을 증명했다

**우주는 대폭발로 시작되었다**

우주는 시간과 더불어 팽창하고 있다. 그것을 깨달은 연구자들은 이렇게 생각했다. 시간을 되돌리면 우주는 점점 작아질 것이다. 그리고 우주는 이 작은 원시적 원자(특이점)의 폭발에서 시작되었다고 말이다.

1931년 벨기에의 젊은 천문학자 르메트르Georges Lemaître가 주장한 이 우주기원론은 당시 학회에서 격렬한 비난에 시달렸으며 '빅뱅(대폭발)이론'이라고 야유를 당했다. 아인슈타인도 이것을 인정하지 않았다.

이 '빅뱅이론'을 지지한 사람이 이론물리학자 가모George Gamow였다. 1948년에 가모는 우주초기 핵

## 우주의 360° 모든 방향에서
## 이상한 전파가 쏟아진다

**1965년, 미국 벨연구소의 연구자 두 명이 빅뱅이론의 결정적 증거를 발견한다**

이건 뭐지?

우주마이크로파 배경복사

**팽창우주론은 새로운 의문을 낳는다**
**팽창우주는 어디에서 시작되었을까?**

팽창우주의 시간을 되돌리면 우주는 쭉 작았다

우주의 시작은 초고온의 점이 아닐까?

아노 펜지어스
Arno Penzias

로버트 윌슨
Robert Wilson

처음에 두 사람은 이 전파를 잡음이라고 생각했다. 그러나 그것은 약 138억 년 전, 빅뱅 직후 방출된 전자기파였다. 우주 공간은 태초의 빛으로 가득 차 있었다.

초고온이고 초고밀도인 우주는 팽창하며, 이때 수소, 헬륨 등 우주에 있는 원소가 만들어졌지.

**빅뱅우주론**

우주는 작은 '원초의 원자'에서 시작되고, 거기서 폭발적으로 팽창했어.

르메트르는 허블보다 먼저 우주의 팽창속도 법칙도 발표했다.

조르주 르메트르 (1894~1966) 벨기에 천문학자

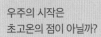

빅뱅

조지 가모(1904~1968) 러시아 태생의 미국 이론물리학자

이 빛이 우주마이크로파 배경복사가 되었다

가모는 배경복사도 예언했다

반응 이론에 바탕하여 '불덩어리우주' 아이디어를 발표하고, 그 증거로 폭발 당시의 열이 지금도 복사에 너지 형태로 남아 있을 것이라고 주장했다. 이 '불덩어리' 우주론에도 많은 비난이 쏟아졌다.

그런데 생각지도 못했던 곳에서 증거가 나왔다. 1965년에 인공위성과의 교신용 안테나를 실험하던 두 명의 연구자가 우주 전역에서 오는 마이크로파 복사를 포착한 것이었다. 이 정체불명의 전파에 골머리 를 앓던 두 사람이 가모의 이론을 알게 되고, 이것이야말로 '빅뱅이론'의 증거, 최초에 모든 우주로 퍼져 갔던 빛의 복사라는 것을 깨달은 것이다. '빅뱅이론'은 이때부터 우주기원의 정통 이론이 되었고, 아래 그 림처럼 우주 전체를 설명할 수 있을 만큼 계속 진화하고 있다.

## 빅뱅에서 팽창해온 우주

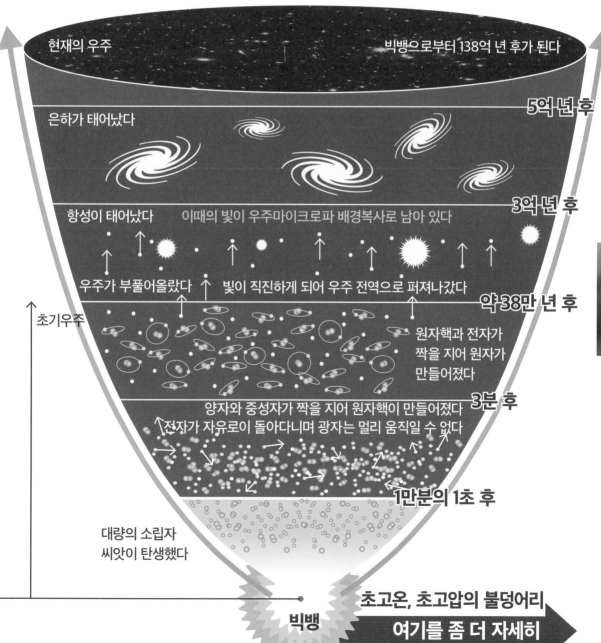

현재의 우주     빅뱅으로부터 138억 년 후가 된다

**5억 년 후**

은하가 태어났다

**3억 년 후**

항성이 태어났다    이때의 빛이 우주마이크로파 배경복사로 남아 있다

우주가 부풀어올랐다    빛이 직진하게 되어 우주 전역으로 퍼져나갔다

**약 38만 년 후**

원자핵과 전자가 짝을 지어 원자가 만들어졌다

양자와 중성자가 짝을 지어 원자핵이 만들어졌다    **3분 후**

전자가 자유로이 돌아다니며 광자는 멀리 움직일 수 없다

**1만분의 1초 후**

초기우주

대량의 소립자 씨앗이 탄생했다

빅뱅

**초고온, 초고압의 불덩어리**

**여기를 좀 더 자세히**

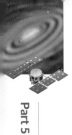

# 우주는 무의 공간에서
# 거품처럼 잇따라 탄생했다!?

우주의 시작은 '무'

　보이저호는 텅 빈 신비한 공간에 있다. 보이저호가 계속 목표하고 있던 장소, 우리의 우주가 탄생한 장소. 보이저호는 여기서 우주의 탄생을 보려고 하고 있다.*

　눈앞의 공간을 바라보고 있으니 톡, 하고 알갱이가 나타났다. 마치 물속에서 아주 작은 거품이 출현한 것 같다. 이 거품 같은 알갱이는 순식간에 하얀 구가 되고, 다음 순간에는 새빨간 불덩어리가 되어 단숨에 폭발하듯이 팽창을 계속한다. 문득 깨닫고 보면 보이저호도 이 팽창하는 거품 속에 있다. 그다음에 이 초고열의 공간에서 일어난 것은, 앞 페이지에서 본 우리 우주의 변천이다.

_____

\* 보이저호가 멀리 간다고 해서 과거로 갈 수 없기 때문에 이런 기술은 과학적으로 옳지 않다. 우주의 과거를 보여주기 위해 보이저호가 여행하면서 과거를 볼 수 있게 되었다는 가상의 설정을 한 것으로 보인다. - 감수자

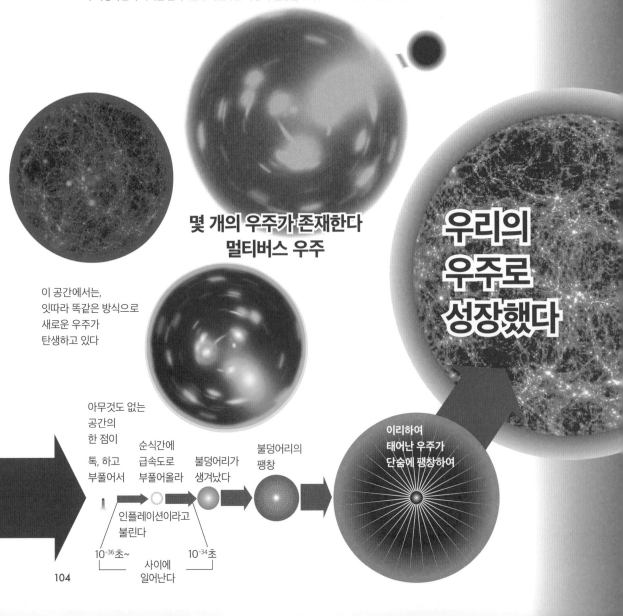

**몇 개의 우주가 존재한다**
**멀티버스 우주**

이 공간에서는,
잇따라 똑같은 방식으로
새로운 우주가
탄생하고 있다

**우리의
우주로
성장했다**

아무것도 없는
공간의
한 점이

톡, 하고
부풀어서

순식간에
급속도로
부풀어올라

불덩어리가
생겨났다

불덩어리의
팽창

이리하여
태어난 우주가
단숨에 팽창하여

인플레이션이라고
불린다

$10^{-36}$초~　　　$10^{-34}$초

사이에
일어난다

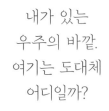

내가 있는
우주의 바깥.
여기는 도대체
어디일까?

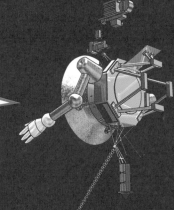

그리고,
보이저호는 지금,
우주 최대의
수수께끼 속에 있다

지금까지 최신 우주 연구 성과를 토대로 현재 존재하는 우주의
비밀을 아주 간단히 탐색해보았다. 여기에 제시되어 있는 것은
거대한 우주 연구 프로젝트의 아주 작은 일부일 뿐이다.
독자 여러분이 지금까지의 보이저호의 우주여행에 흥미가 생겼
다면 조금 더 자세한 책이나 동영상 등을 찾아보면서 비밀에 가
득 찬 우주여행을 이어가기 바란다.

보이저호는, 다시금 우주의 거품에서 날아올라 우주가 출현한 공간에 눈길을 주었다. 그
토록 찾고자 했던 우주의 수수께끼가 여기 있다. 아무것도 없는 곳에서 바이러스처럼 작은
공간이 생기고, 그것이 급속도로 팽창하고 있다. 이 현상은 현재의 우주과학에서는 '인플레
이션'이라고 불린다. 과학자들은 우주가 태어나는 곳에서는, 언제나 몇 개나 되는 인플레이션
이 일어나고, 새로운 우주가 탄생하고 있을 가능성이 있다고 말한다. 우리의 우주도 이렇게
태어나서 다양한 초기 설정 조건이 맞아떨어져 생명이 탄생했다고 말이다.
보이저호는 지금 우주 최대의 수수께끼 안에 있다. 우주를 낳는 이곳은 과연 무엇일까?

맺음말

# 인류와 지구의 미래를 위해
# 우리가 우주에서 배워야 할 것들

보이저호의 우주여행은 인류가 품고 있는 궁극의 수수께끼 안에서 끝났다. 이 책의 첫머리에서 지금 우주에 매달리는 일의 의의를 물었는데, 여기까지 함께 우주를 여행해온 독자 여러분은 그 답을 찾아냈을지 궁금하다.

이 책을 덮기 전에 보이저호가 여러분에게 보내는 두 가지 메시지를 전한다.

첫째는, 우리가 우주로 향하는 의의에 관해서이다. 인류는 우주공간에서 생존하기 위해 완전히 폐쇄된 공간 안에서 순환하는 생명유지 장치를 만들어내려 하고 있다. 얇은 피막의 우주복 안도 거대한 돔 도시 공간도 지향하는 기능은 똑같다. 요구되고 있는 것은 한정된 자원을 유효하게 사용하여 폐기물을 거의 0에 가깝게 하여 지속 가능한 생태계를 만드는 것이다.

그렇다. 우주공간에서 생존하기 위한 과학기술이야말로 지금 우리의 지구가 필요로 하고 있는 것이다. 지구는 가혹한 우주공간에 있지만, 생명이 생존할 수 있는 지속 가능한 생태계를 갖는 아주 특이한 행성이다. 그 섬세한 생태계를 우리는 파괴하고 있는 중이다. 인류가 우주에 진출하여 뭔가를 얻는다면 그것은 지구가 품고 있는 문제를 해결하는 데 유용하지 않을까.

두 번째는 스스로의 생태계를 파괴하고 있는 인간에 대한, 우주로부터의 충고다. 보이저호와 은하 너머로 날아가서 우주의 전모를 본 우리는 인류의 과학으로 이해하는 우주가 얼마나 보잘 것없는 것인지를 알았다. 현재의 과학은 우주를 구성하고 있는 물질 가운데 5%밖에 해명하지 못하고 있다. 즉, 우리는 우리가 속한 우주에 대해 아직 거의 알지 못하고 있는 것이다.

　인류는 이런 우주를 향해 거대 로켓으로 진출하려 하고 있다. 로켓을 만든 기술과 발상, 그리고 이 사업을 추진하는 경제적인 야망과 욕망은 사실은 온난화를 초래하고 지구를 병들게 한 것과 같다는 사실을, 우리는 겸허하게 받아들여야 할 것이다.

　우리가 아직 알지 못하는 나머지 95% 우주의 비밀을 풀고 그 지식을 인류가 획득했을 때, 지금 존재하는 지식이나 과학, 그리고 경제나 정치 시스템도 크게 변모할 것이다. 바로 그런 이유로 인류는 우주로 향하는 것임을, 보이저호는 우리에게 알려주고 있는 것이다.

# 참고문헌

『엘러건트 유니버스The Elegant Universe: Superstrings, Hidden Dimensions and the Quest for the Ultimate Theory』, 브라이언 그린 지음, 쇼시샤草思社 펴냄

『시간의 역사A Brief History of Time』, 스티븐 호킹 지음, 하야카와쇼보早川書房 펴냄

『뉴트리노, 천체물리학 입문』, 고시바 마사토시小柴昌俊 지음, 고단샤講談社 펴냄

『중국이 우주를 지배하는 날 우주안보의 현대사』, 아오키 세쓰코青木節子 지음, 신초샤新潮社 펴냄

『아인슈타인 VS 뉴턴: 왜곡된 시공을 둘러싸고Die verbogene Raum-Zeit Newton Einstein und die Gravitation』, 하랄트 프리츠슈Harald Fritzsch 지음, 마루젠丸善 펴냄

『우주, 시간, 그 너머The Universe in Your Hand』, 크리스토프 갈파르Christophe Galfard 지음, 하야카와쇼보早川書房 펴냄

『인류는 다시 달을 목표로 삼는다』, 하루야마 준이치春山純一 지음, 고분샤光文社 펴냄

『달은 대단하다: 자원·개발·이주』, 사이키 가즈토佐伯和人 지음, 주오코론신샤中央公論新社 펴냄

『하야부사2 최강 미션의 진실』, 쓰다 유이치津田雄一 지음, NHK 출판 펴냄

『'양자론'을 즐기는 책』, 사토 가쓰히코佐藤勝彦 지음, PHP 펴냄

『인플레이션 우주론: 빅뱅 이전에 무엇이 일어났는가』, 사토 가쓰히코 지음, 고단샤 펴냄

『우주- 끝없는 탐색의 역사The Universe An Illustrated History of Astronomy』, 톰 잭슨Tom Jackson 지음, 마루젠 펴냄

『퀀텀맨 - 양자역학의 영웅, 파인만Quantum Man: Richard Feynman's Life in Science』, 로렌스 M. 크라우스Lawrence Maxwell Krauss 지음, 하야카와쇼보 펴냄

『우주식민지 - 우주에서 사는 방법』, 무카이 지아키向井千秋 지음·감수, 고단샤 펴냄

『우주의 암흑에너지 '미지의 힘'의 비밀을 푼다』, 도이 마모루土居守·마쓰바라 다카히코松原隆彦 지음, 고분샤 펴냄

『대단한 우주 강의』, 다다 마사루多田将 지음, 이스트 프레스 펴냄

『태양계 관광여행 독본』, 올리비아 고스키Olivia Koski·제이나 그루세비치Jana Grcevich 지음, 하라쇼보原書房 펴냄

『시간은 흐르지 않는다L'ordine del tempo』, 카를로 로벨리Carlo Rovelli 지음, NHK 출판 펴냄

『우주개발의 미래연표』, 데라카도 가즈오寺門和夫 지음, 이스트 프레스 펴냄

『인류가 화성으로 이주한 날』, 야자와矢沢사이언스오피스·다케우치 가오루竹内薫 지음, 기술평론사 펴냄

『MARS 화성 이주 계획』, 레너드 데이빗Leonard David 지음, 닛케이내셔널지오그래픽 펴냄

『도설 한 권으로 알 수 있다! 최신 우주론』, 아가타 히데히코縣秀彦 지음, 각켄플러스学研プラス 펴냄

『우주 프로젝트 개발사 대전』, 에이枻 출판 펴냄

『지금부터 시작되는 우주 프로젝트』, 에이 출판 펴냄

『우주의 진실 - 지도로 찾아가는 시공 여행』, 닛케이내셔널지오그래픽 펴냄

『VISUAL BOOK OF THE UNIVERSE 우주대도감』, 뉴턴프레스 펴냄

『안드로메다은하의 소용돌이 - 은하의 형태로 보는 우주의 진화』, 다니구치 요시아키谷口義明 지음, 마루젠 펴냄

『세상에서 가장 아름다운 심우주도감 - 태양계에서 우주의 끝까지Deep Space: Beyond the Solar System to the End of the Universe and the Beginning of Time』, 호버트 실링Govert Schilling 지음, 소겐샤創元社 펴냄

『비주얼 대도감 - 우주탐사의 역사The History of Space Exploration』, 로저 D. 라니우스Roger D. Launius 지음, 도쿄도東京堂 출판 펴냄

『우주는 무엇으로 이루어져 있는가 - 소립자물리학으로 풀어보는 우주의 비밀』, 무라야마 히토시村山斉 지음, 겐토샤幻冬舎 펴냄

『진공이란 무엇인가 - 무한히 풍부한 진공의 맨얼굴』, 히로세 다치시게広瀬立成 지음, 고단샤 펴냄

## 참조 사이트

AFP BB News   https://www.afpbb.com/

Airbus   https://www.airbus.com/space.html

Arianespace   https://www.arianespace.com

Axiom Space   https://www.axiomspace.com

Bigelow Aerospace   https://www.bigelowaerospace.com/

Blue Origin   https://www.blueorigin.com

Boeing   https://www.boeing.com

Business Insider Japan   https://www.businessinsider.jp/

CASC   http://english.spacechina.com/n16421/index.html

CNN   https://www.cnn.co.jp

CNSA   http://www.cnsa.gov.cn/english/

ESA   https://www.esa.int

Forbes JAPAN   https://forbesjapan.com

GIZMODO   https://www.gizmodo.jp/

GomSpace   https://gomspace.com/home.aspx

HATCH   https://shizen-hatch.net

IBM   https://www.ibm.com/

IHI   https://www.ihi.co.jp/

Interstellar Technologies   http://www.istellartech.com

iSpace   http://www.i-space.com.cn

ispace   https://ispace-inc.com/jpn/

ISRO   https://www.isro.gov.in

JAXA   https://www.jaxa.jp

Landspace   http://www.landspace.com/rocket/

Lockheed Martin   https://www.lockheedmartin.com

MIT Technology Review   https://www.technologyreview.jp

NASA   https://www.nasa.gov

News Week Japan   https://www.newsweekjapan.jp

One Space   http://www.onespacechina.com/en

Reuters   https://jp.reuters.com/

Rocket Lab   https://www.rocketlabusa.com

Roscosmos   https://www.roscosmos.ru

sorae   https://sorae.info

Space News   https://spacenews.com

Space.com   https://www.space.com

SpaceX   https://www.spacex.com

SSTL   https://www.sstl.co.uk

Stratolaunch   https://www.stratolaunch.com

TechCrunch Japan   https://jp.techcrunch.com/contributor/devinjp/

TOKYO EXPRESS   http://tokyoexpress.info

UAE Space Agency   https://www.space.gov.ae

Virgin Galactic   https://www.virgingalactic.com

Virgin Orbit   https://virginorbit.com

WIRED   https://wired.jp

York Space Systems   https://www.yorkspacesystems.com

계간 오바야시大林 '우주엘리베이터 건설 구상'   https://www.obayashi.co.jp/kikan_obayashi/detail/kikan_53_idea.html

닛케이비즈니스   https://business.nikkei.com/

미쓰비시중공업三菱重工   https://www.mhi.com/jp/

소라바타케宙畑   https://sorabatake.jp

일반사단법인 우주엘리베이터협회   http://www.jsea.jp/index.html

일본국립천문대   https://www.nao.ac.jp/index.html

그림으로 읽는

# 친절한
# 우주과학
# 이야기

지은이_ 인포비주얼 연구소

옮긴이_ 위정훈

펴낸이_ 양명기

펴낸곳_ 도서출판 북피움

초판 1쇄 발행_ 2022년 8월 23일

등록_ 2020년 12월 21일 (제2020-000251호)

주소_ 경기도 고양시 덕양구 충장로 118-30 (219동 1405호)

전화_ 02-722-8667

팩스_ 0504-209-7168

이메일_ bookpium@daum.net

ISBN 979-11-974043-3-7 (03400)